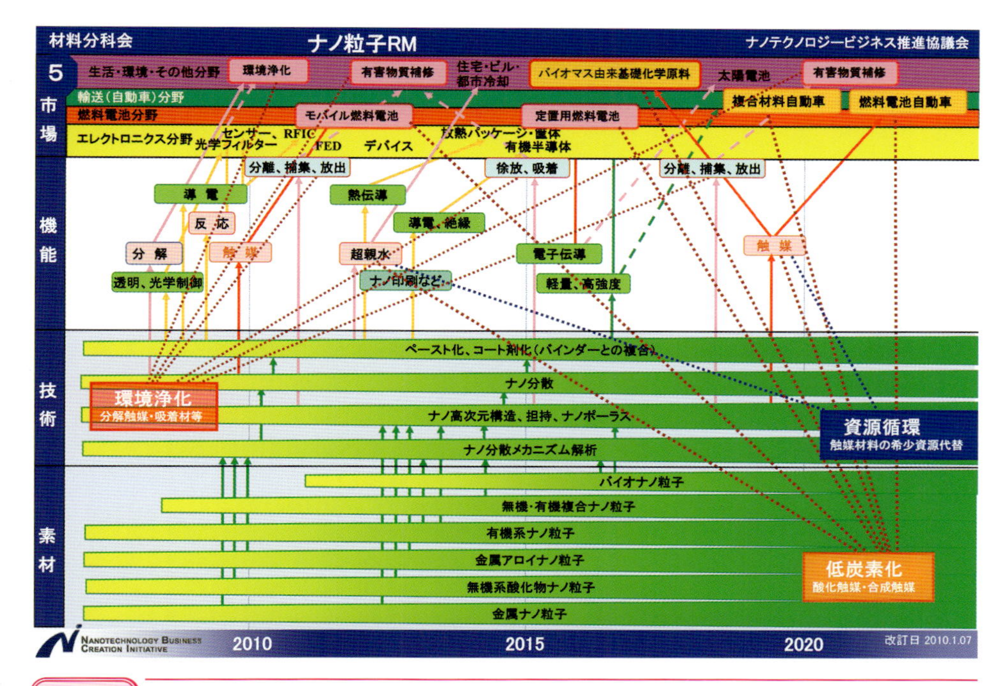

口絵 1　ナノ粒子ロードマップ

出典：ナノテクノロジービジネス推進協議会（材料分科会）ホームページ
（http : //www.nbci.jp/information/index.html#20091209）
図 1.5 参照

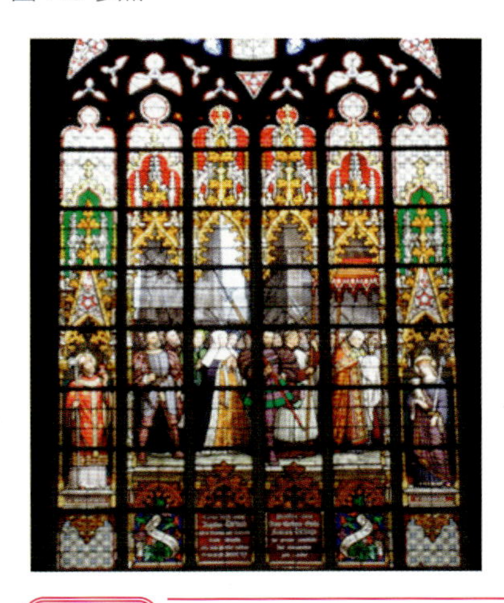

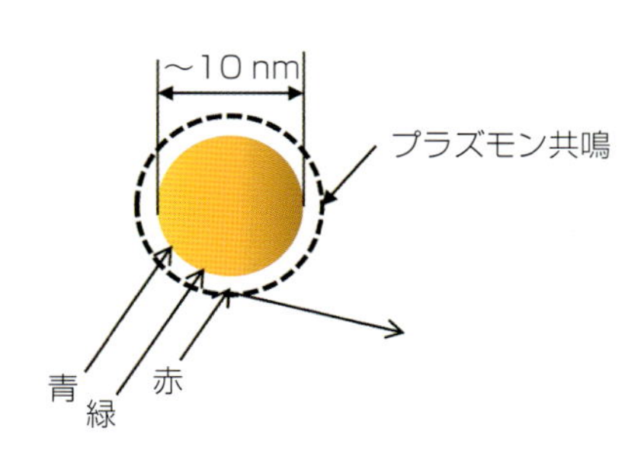

口絵 2　ステンドグラスの赤

図 1.8 参照

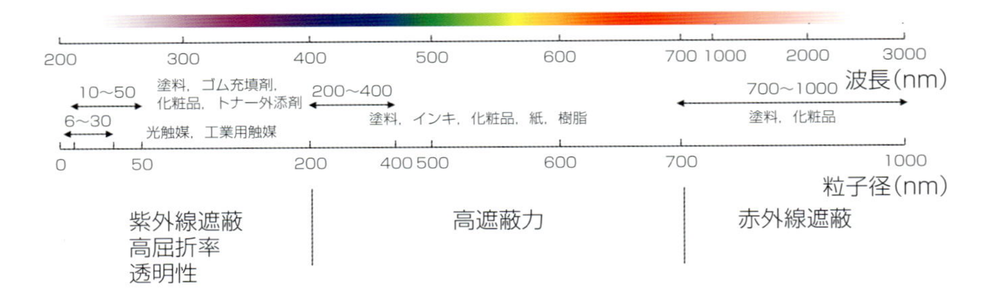

口絵 3　TiO_2 の光学特性による産業利用

図 1. 13 参照

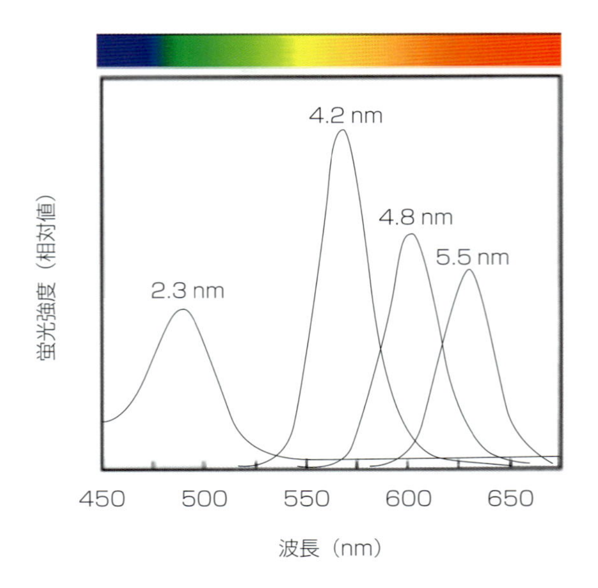

口絵 4　CdSe ナノコロイドと CdSe–ZnS ナノコロイドの粒子径に対する蛍光スペクトル

出典：B. O. Dabbousi, et al. : *J. Phys. Chem. B*, **101**, 9463（1997）
図 1. 21 参照

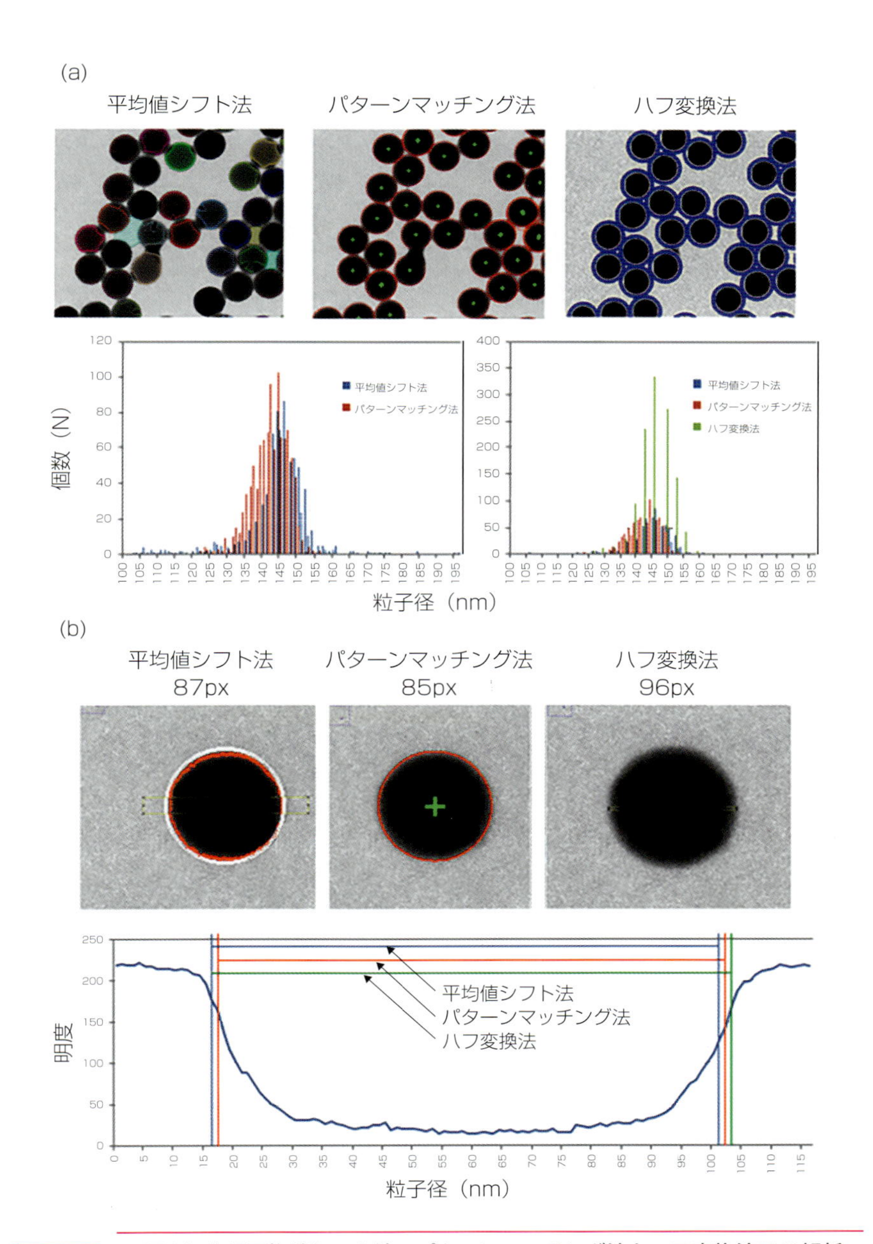

口絵 5　**TEM による平均値シフト法，パターンマッチング法とハフ変換法での解析例(a)と，エッジ検出による寸法比較(b)**

TEM の場合には，軽元素のナノ粒子ではエッジ部が不明瞭になるため，誤差が生じることに注意する．

図 4.8 参照

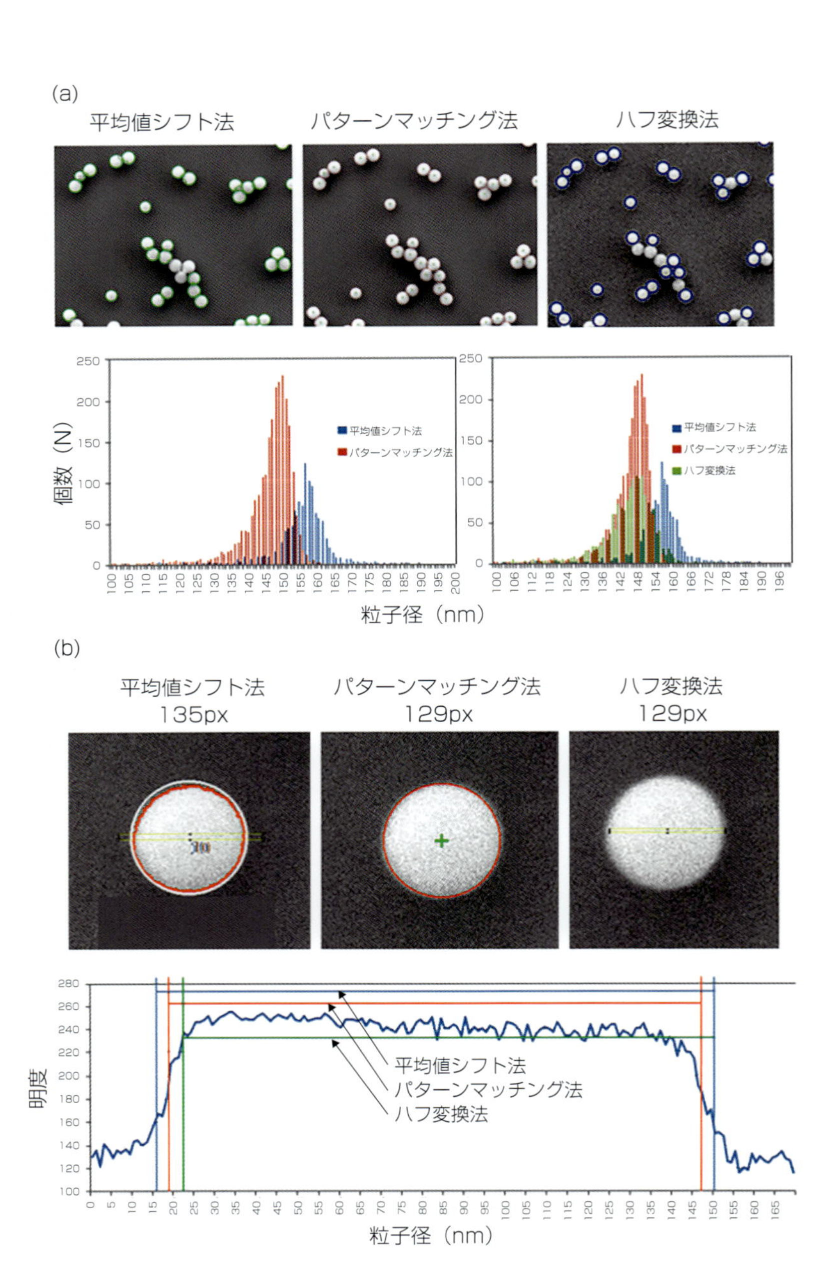

口絵 6 SEM による平均値シフト法，パターンマッチング法とハフ変換法での解析例(a)と，エッジ検出による寸法比較(b)

図 4. 9 参照

分析化学実技シリーズ

応用分析編●8

（公社）日本分析化学会【編】
編集委員／委員長　原口紘炁／石田英之・大谷 肇・鈴木孝治・関 宏子・平田岳史・吉村悦郎・渡會 仁

一村信吾・飯島善時・山口哲司・叶井正樹
白川部喜春・伊藤和輝・藤本俊幸【著】

ナノ粒子計測

共立出版

「分析化学実技シリーズ」編集委員会

分析化学実技シリーズ 刊行のことば

このたび「分析化学実技シリーズ」を日本分析化学会編として刊行することを企画した．本シリーズは，機器分析編と応用分析編によって構成される全30巻の出版を予定している．その内容に関する編集方針は，機器分析編では個別の機器分析法についての基礎・原理・装置・分析操作・実施例に関する体系的な記述，そして応用分析編では幅広い分析対象ないしは分析試料についての総合的解析手法および実験データに関する平易な解説である．機器分析法を中心とする分析化学は現代社会において重要な役割を担っているが，一方産業界においては分析技術者の育成と分析技術の伝承・普及活動が課題となっている．そこで本シリーズでは，「わかりやすい」，「役に立つ」，「おもしろい」を編集方針として，次世代分析化学研究者・技術者の育成の一助とするとともに，他分野の研究者・技術者にも利用され，また講義や講習会のテキストとしても使用できる内容の書籍として出版することを目標にした．このような編集方針に基づく今回の出版事業の目的は，21 世紀になって科学および社会における「分析化学」の役割と責任が益々大きくなりつつある現状を踏まえて，分析化学の基礎および応用にかかわる研究者・技術者集団である日本分析化学会として，さらなる学問の振興，分析技術の開発，分析技術の継承を推進することである．

分析化学は物質に関する化学情報を得る基礎技術として発展してきた．すなわち，物質とその成分の定性分析・定量分析によって得られた物質の化学情報の蓄積として体系化された分析化学は，化学教育の基礎として重要であるために，分析化学実験とともに物質を取り扱う基本技術として大学低学年で最初に教えられることが多い．しかし，最近では多種・多様な分析機器が開発され，いわゆる「機器分析法」に基礎をおく機器分析化学ないしは計測化学が学問として体系化されつつある．その結果，機器分析法は理・工・農・薬・医に関連する理工系全分野の研究・技術開発の基盤技術，産業界における研究・製品・技術開発のツール，さらには製品の品質管理・安全保証の検査法として重要な役割を果たすようになっている．また，社会生活の安心・安全にかかわる環境・健康・食品などの研究，管理，検査においても，貴重な化学情報を提供する手段として大きな貢献をしている．さらには，グローバル経済の発展によって，資源，製品の商取引でも世界標準での品質保証が求められ，分析法の国際標準化が進みつつある．このように機器分析法および分析技術は科学・産業・生活・経済などあらゆる分野に浸透し，今後もその重要性は益々大きくなると考えられる．我が国では科学技術創造立国をめざす科学技術基本計画のもとに，経済の発展を支える「ものづくり」がナノテクノロジーを中心に進められている．この科学技術開発においても，その発展を支える先端的基盤技術開発が必要であるとして，現在，先端計測分析技術・機器開発事業が国家プロジェクトとして推進されている．

本シリーズの各巻が，多くの読者を得て，日常の研究・教育・技術開発の役に立ち，さらには我が国の科学技術イノベーションにも貢献できることを願っている．

「分析化学実技シリーズ」編集委員会

まえがき

本書で分析対象とする「ナノ粒子」は，二つの側面から注目を集めている．一つは，ナノテクノロジーという21世紀の新しいものづくりの原材料としてのポジティブな側面から，もう一つは，ナノ粒子が生態系や環境に悪影響を及ぼすかもしれない（ポテンシャルリスクがある）というネガティブな側面からである．

前者については，2000年に，アメリカのクリントン元大統領が一般教書演説で，「国会図書館の蔵書内容すべてを角砂糖サイズの中に収納できる分子コンピュータ」，「鋼に比べて非常に軽く強度10倍の新材料」，などの具体的な目標（成果）とともに国家ナノテクノロジー戦略を提示したことから，世界的に大きな動きとなって技術開発が進められている．一方後者については，2004年7月の*Science*誌の中で，カーボンナノチューブなどの新素材に注意信号（yellow light）を発する記事が掲載されるなどを契機として，段々と社会的な関心が高まってきた．その動きは，2005年から活発化してきたナノテクノロジーの国際標準化を議論する大きな原動力にもなっている．

ナノ粒子の活用によってもたらされるベネフィット（ポジティブな側面）とポテンシャルリスク（ネガティブな側面）とを正しく把握し，我が国をはじめ世界の持続的発展に適した科学技術の取り組み方を考える上で基本になるのは，ナノ粒子を正しく計測することである．

一般にナノ粒子として計測対象とすべきは，三次元的な寸法のいずれか一辺が，1～100ナノメートル（nm）のサイズになる場合と考えられている．ただし，凝集によってさらに大きなサイズとなっていても，一次粒子（凝集前の粒子）が上記条件を満たす場合には，計測対象にすべきとされている．このように微細なサイズであること，さまざまな凝集形態をもつことが，ナノ粒子を正しく計測することを大変困難にしている．特にシングルナノとよばれる極微サイズの領域では，使われる計測法のもつ信号励起・検出原理から，ほかの計測法とは異なる計測結果になることも十分想定される．

このような背景を踏まえて，我が国ではナノ粒子を計測できるさまざまな方法の開発と計測結果の相互比較を目指して，「ナノ材料の産業利用を支える計測ソリューション開発コンソーシアム」（略称英文：COMS-NANO）という活動が2013年6月から始まっている．活動の背景には，すでにフランスで先行しているナノ粒子の届け出規制やそれに続くさまざまな規制に対して，計測技術を開発・提供するサイドから必要な準備を進めておきたいという問題意識がある．

本書の執筆は，上記のコンソーシアム活動において各計測方法開発の中核を担った企業の方を中心に（共通部分は大学，公的研究機関の方に）依頼している．執筆に際しては，コンソーシアム活動に従事している他の方々の知見も集約しているので，一種の共同作業としての成果物という側面もある．装置開発の最前線にいる方々に記述いただいたため，分析化学実技シリーズが狙いとする若い分析化学研究者や技術者の方々にとって，まさに「わかりやすい」，「役に立つ」内容になったものと考えている．

ただし，ナノテクノロジー関連技術はまだまだ発展途上にあるため，今後の技術進展によって本書の内容が技術的に古くなることも十分あり得る．そのため執筆にあたっては，ナノ粒子計測の導入部に必要な基本的知識を記述することを心がけたので，必要に応じて，最新知識に関しても常に目配りいただきたい．本書が契機となって，ナノテクノロジーの持続的発展に貢献できれば，著者一同をはじめ関係者の望外の喜びである．

最後に，本書を執筆する機会を与えて下さった原口紘炁先生をはじめとする編集委員会の先生方，COMS-NANO活動の関係者の皆様，共立出版編集部に深く感謝する．

2018年10月

一村信吾（著者を代表して）

目　次

イラスト／いさかめぐみ

Chapter 1
ナノテクノロジーとナノ粒子

ナノテクノロジーは，ナノメートルレベルの大きさを持つ粒子や構造体を活用して，これまで存在しなかった機能を発現したり，その機能を応用した新しい製品を開発する技術である．ナノテクノロジーの研究開発を各国が競い始めたのは 21 世紀になってからであるが，我が国は原子分子をハンドリングの対象にした，「アトムテクノロジー」の研究開発を 1990 年代に進めており，いわばナノテクノロジーの先駆者である．

本章では，ナノテクノロジーの研究開発がこれまでどのような観点から取り組まれてきたかについての概要を記述するとともに，ナノテクノロジーを牽引する新しい素材としてのナノ粒子に着目する．そして，我が国ではどのような産業分野でナノ素材（粒子）の活用が進んでいるかを紹介する．あわせてナノ粒子にはどのような特徴があり，その特徴が塗料・顔料，環境・エネルギー，バイオ・医療，化学材料，エレクトロニクスなどの産業分野でどのように活用されているかを説明する．

1.1 ナノテクノロジーとは

ナノテクノロジー，あるいはナノという言葉を耳にするようになって，すでに久しく，かなり多くの人にとって親しみのある言葉になってきているのではないだろうか．テレビコマーシャルを例にとっても，A 電機メーカーが「ナノ●●」というシリーズ製品をつくり宣伝している事例が耳に入ってくるし，B 社の化粧品では「ナノの○○○」という言い回しで，ナノテクノロジーの優れた効能を宣伝している．ここで伏せ字として使った「●●」や「○○○」に入る言葉がこの本の読者にすぐに浮かんでくるようであれば，すでに接頭辞としての「ナノ」が日常用語になっていることを裏付けているといえよう．実際，産総研が行ってきた継続的な調査でも，2009 年の段階では 95% 程度の人が，ナノテクノロジーという言葉を「聞いたことがある」「たぶん聞いたことがある」と応えている[1]（図 1.1）．

もともとナノ（ローマ字表記で nano）は，大きさの比を表す接頭辞である．このような接頭辞は，身近な生活でもよく使われる．たとえばミリメートル (mm)，センチメートル (cm) などとよく使うミリ，センチは，それぞれ 10^{-3} ($10^{\frac{1}{3}}$：1000 分の 1)，10^{-2} ($10^{\frac{1}{2}}$：100 分の 1) の大きさの比を表す接頭辞である．これに対してナノは，10^{-9} ($10^{\frac{1}{9}}$：10 億分の 1) の大きさの比を表す．

本書で対象とするナノテクノロジーは，ナノメートル (nm) レベルの大きさをもつ粒子や構造体を活用して，それまで存在しなかった新しい機能を発現させたりする技術，またその機能を応用した新しい製品を開発する（産業の創出を目指す）技術である．したがってナノテクノロジーで注目すべきは，どのようなサイズの構造体を使っているか，またどのような新しい機能が生まれたか（それを使ってどんな製品展開ができたか）となる．最初に例示した「ナノ●●」の場合には，5～20 nm の水に包まれた微粒子イオンが，OH ラジカルを

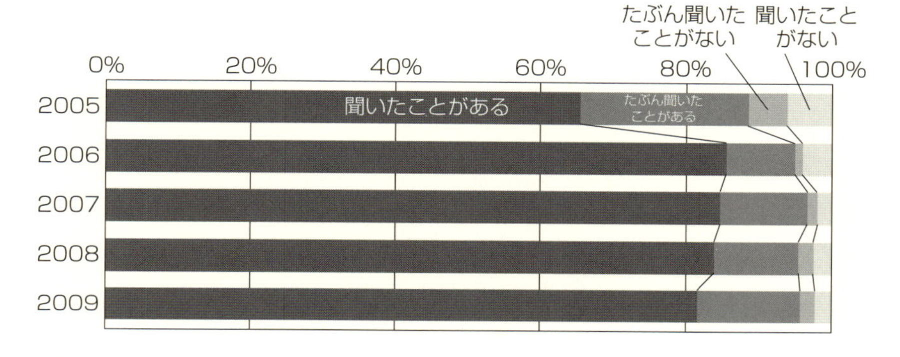

図 1.1 ナノテクノロジーという言葉の認知度のアンケート調査結果[1)]

多量に保持していることから脱臭や除菌の機能を示し，新しい生活家電製品（空気清浄機など）を生み出しているようである．また「ナノの○○○」の場合には，老化の原因となる活性酸素を除去する能力が高い物質の粒子を，80 nm レベルに微細化することで抗酸化力，浸透力，吸収力を高め，新しい化粧品として展開しているようである．

ナノテクノロジーは，言葉としての定義からは，サイズがナノメートルレベルにあるものすべてを候補対象にすべきではある．しかし現在のところ「長さで概ね 1～100 nm の物質・構造を対象として操作・制御する技術」を表すと考えるのが一般的になっている[2)]．100～1000 nm（すなわち 1 μm）もナノのサイズ領域であることには違いないが，この領域はサブミクロンとよばれることが多いためである．（実際，ナノテクノロジーに対してサブミクロンテクノロジーという言い方も存在する．）これは，2000 年以降にナノ（ナノテクノロジー）が世界的な注目を集める前から，数百ナノメートル台のサイズ領域がコンピュータの小型化，高性能化を実現した半導体素子（MOS デバイスなど）で実現されていたことが関係している．

「長さが概ね 1～100 nm のサイズをもつもの」の中で，もともと自然界に存在していたものは多い．微細粒子，タンパク質，ウイルス，DNA，合成高分子などの存在は古くから知られ，これまでも科学技術の関心対象になっていた．

しかし，それらを対象とする研究開発が「ナノテクノロジー」という概念で整理されたことはない．いわば「新しい科学技術」として「ナノテクノロジー」という言葉が位置づけられ市民権を得てきたのは，2000年以降のことになる．それには，アメリカの動きが大きく関係している．まえがきにも述べたように，2000年に行われたアメリカのクリントン元大統領の年頭演説は，ナノテクノロジーがもたらす未来社会像を次のように具体的に描き，世界中の関心を集めた．いわく「国会図書館の蔵書内容すべてを角砂糖サイズの中に収納できる分子コンピュータ」，「鋼に比べて非常に軽く強度10倍の新材料」などである．あわせて，ナノテクノロジーに国を挙げて取り組むことを世界に示したこと（国家ナノテクノロジー戦略構想，NNI：national nanotechnology initiative）が，世界的に加熱するナノテクノロジーの研究開発競争を生み出し，ナノテクノロジーは21世紀の産業技術として，大きな期待を集めることになった．

クリントン元大統領の演説が，単なる夢物語としてではなく現実味のある話として受け入れられた背景には，次のような科学技術の革新的な発明や発見がある．まず観察技術として1980年代前半に発明された走査トンネル顕微鏡は，原子・分子を直接観ることが可能であり，さらにはそれらを操作する（いわばピンセットでつまんで自由に並べる）ことが可能であることを示した．またナノのサイズをもつ新素材として，フラーレン（C_{60}）やカーボンナノチューブ（CNT），グラフェンなどの発見が1980年後半から世界的な注目を集めた．これらはすべて炭素からできている同素体であり，炭素原子を並べた1枚のシート（グラフェン）を，筒状に丸めたり（カーボンナノチューブ），サッカーボール状に包み込んだり（フラーレン（C_{60}））したものである．炭素というクラーク数（地表付近に存在する元素の割合を示した数）の大きな元素でありながら，その形や加える元素でさまざまな新しい機能が実現できることが大きな注目を集めることになった．

1.2 ナノテクノロジーの進展

ナノテクノロジーを産業に応用する上では，大きく分けて，二つの進め方（アプローチ法）がある．一つは，これまで存在する製品の製造方法において，機能を生み出す素となる構造サイズを，とことんまで小さく（微細化）していく方法である．素（もと）となる構造サイズがミクロンレベルであったものを，サブミクロン，さらにはナノレベルに小さくしていくことで，製品の小型化，高性能化，さらには製造技術も含めた省エネルギー化などの効果が期待できることになる．この方法はトップダウン型ナノテクノロジーともよばれている．もう一つは，自然界に存在する，または人工的につくったナノレベルの構造体を組み立て部品として用いて，それまでに存在しなかったまったく新しい機能や，新しい製品を生み出していくアプローチ法である．この方法は，ボトムアップ型ナノテクノロジーともよばれている．

トップダウン型ナノテクノロジーは，半導体分野を代表例として実現されている．コンピュータの高性能化（小型化，大容量化）を支えてきたのは，よく知られている集積回路技術の進展である．これまでムーアの法則†に従った技術の進展を示してきたが，そのトレンドは，まさにトップダウン型ナノテクノロジーとよぶにふさわしい．実際，コンピュータに搭載される記憶素子の代表ともいえるDRAM構造の設計では，基本となる線幅がすでに数十ナノメートルにまで至っており，まさに「ナノテク」領域に入っている．構造微細化の目標値は国際半導体ロードマップ上で明確に設定されており，トップダウン型ナノテクノロジーは今後も益々勢いを増していく（増さざるを得ない）状況にある．一言で表せば，これはナノテクノロジーによる「技術進化：evolution」

---

† 半導体は18ヶ月ごとに倍になる集積度が実現される．

を目指すアプローチ法である．

一方，ボトムアップ型ナノテクノロジーの進展をささえるのは，ナノ素材やナノ構造体の作製と利用である．作製技術の究極の目標は，個々の原子・分子から設計・制御して新しいナノ素材（構造体）をつくり上げることといえるであろう．そこまでの道はまだ遠く，現在は，基礎的な現象の計測・理解と原理の解明による知識の積み上げ段階にある．原子・分子の設計・制御よりも一段階ステップを進めやすいのは，ある特定の条件下で自発的に形成されるナノ素材（構造体）を発見・利用することである．このような自発的な構造形成は生体内ではよく見いだせる現象であり，自己組織化とよばれている．このため生体に存在するナノ構造を手本としてナノ素材（構造体）の作製を目指す，バイオミメティクスな方法も検討されている．

前述したカーボンナノチューブやフラーレン（C_{60}）なども，ある条件下で実現されるナノ素材（構造体）であり，自己組織化の産物といっても過言ではない．カーボンナノチューブを例にとれば，作製条件の異なる自己組織化によって，単層カーボンナノチューブ（SWCNT，グラフェンシート 1 枚を丸めた構造），多層カーボンナノチューブ（NWCNT，グラフェンシートを複数枚丸めた構造）やナノホーン（ナノチューブの片側を閉じた構造）などが合成できる．このような素材が，新しい工業的ナノ物質（engineered nanomaterial）として注目されることになったのは，新たな機能が期待できることが示唆されているからである．

また現在の市場規模は小さいものの，ナノテクノロジーのバイオテクノロジー分野への応用（ナノバイオ）は高い注目を集め，ドラッグデリバリーシステム，バイオセンサ，ナノチップなどへの展開が期待されている．このようにボトムアップ型ナノテクノロジーは，「技術革命：revolution」を目指すアプローチと位置づけることができる．

1.3 ナノ素材（粒子）の産業応用

図 1.2 は，国内で生産・使用されているナノ素材（粒子）のサイズと生産量・使用量を簡単にまとめたものである[2)-4)]．現在最も使われているナノ素材はカーボンブラックで，主用途はタイヤゴム用である．その用途が国内生産量（2013 年で約 60 万トン）の 70% 近くを占め，残りの用途は，その他ゴム用（約 25%），導電材・着色剤（約 5%）となっている．

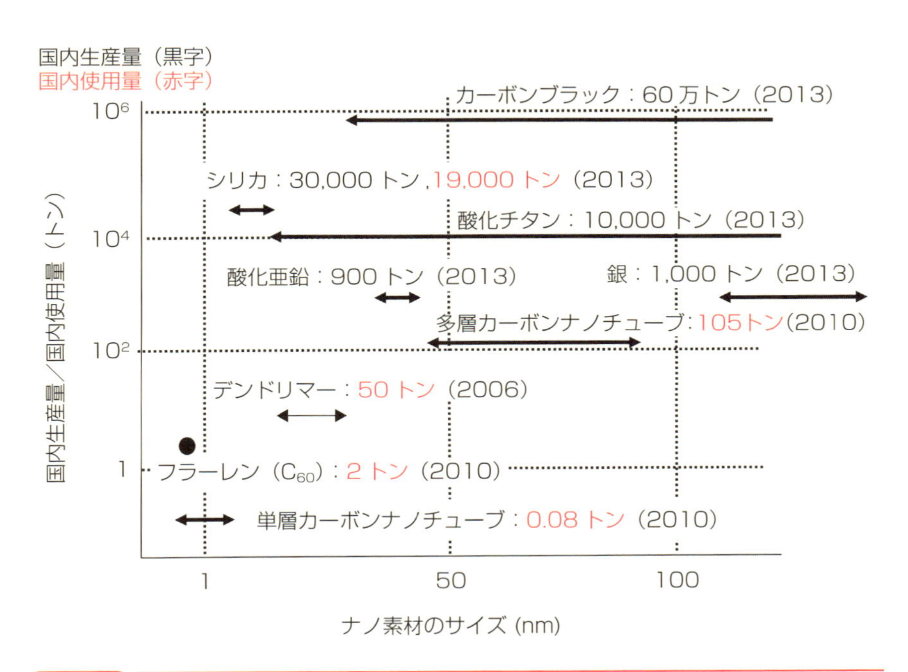

図 1.2 ナノ素材の年間国内生産量と使用量

カッコ内は調査年を表している．参考文献 2)～4) から読み取りまとめたもの．

その次に生産量が多いのはSiO_2（シリカ）で（2013年で30,000トン），一部はそのまま輸出され，国内では約19,000トン（2013年）が使われている．主な用途は樹脂やゴムの充填剤（フィラー）で約60%近く，それに次ぐのがシリコン基板の研磨用に使われる研磨用スラリー（11%程度）である．我々の生活に接するところでは，プリンタートナーや紙などにも使われている．

TiO_2（酸化チタン）ナノ粒子には，アナターゼ型とルチル型の2種類の結晶構造がある．アナターゼ型には光触媒特性があり，排煙脱硝用の触媒などの用途が約70%を占めている．一方，ルチル型は紫外線反射剤としての利用が進み，化粧品や外装ペイント，自動車塗装などに使われている（1.4.2項参照）．ZnO（酸化亜鉛）も同様に紫外線カット材料として化粧品に使われており，生産量は概ね900トン程度と見積もられている．

Ag（銀）ナノ粒子の生産量は年間1000トンに及ぶが，その中では0.5～5 μmの需要が大きく，定義に沿ったナノ粒子の割合は少ない．しかしながら印刷技術を使うことで省エネ型となるエレクトロニクス技術（プリンタブルエレクトロニクス）の主要材料として，今後の使用増加が期待されている．

生産量が少ないが今後の増加が期待されるナノ素材に，カーボンナノチューブがある．多層カーボンナノチューブ（使用量で約100トン，2010年）は導電性の付与や強度の向上，電磁シールドなどの特性が期待され，これまで半導体トレイなどに利用されている．それに対して単層カーボンナノチューブ（使用量約0.1トン，2010年）は，これまで樹脂やセラミックスに混練されて使われてきたが，さまざまな物質との組み合わせで新しい機能が見つかり始め，今後の利用増が期待される．たとえば，有機材料と複合化することで，柔軟性を維持した導電性の材料や，高い耐久性の導電ゴムが実現できている．また金属材料と組み合わせることで，配線材料や高い熱伝導性の材料が実現できている．このような技術的な進展を踏まえて，単層カーボンナノチューブ生産に特化した新しいプラント建設が2015年に行われたことは注目に値する．

新しい機能が期待できるナノの素材開発は，今後もますます進んでいくものと期待できる．それと並行して必要となるのは，ナノの素材の計測技術である．以降の節で，どのような素材をどのような方法で計測しているか，何を計測したいかに関して，現在の状況をみることにする．

1.4 ナノ粒子の産業利用の現状

カーボンブラック，TiO_2，SiO_2，$CaCO_3$（炭酸カルシウム）などの微粒子はタイヤ材料や化粧品の原料・中間材として古くから使用されてきている（図1.3にカーボンブラックの電子顕微鏡写真を示す）．近年，ナノテクノロジーの普及に伴い，先端産業基盤技術を支えるキーマティリアルとして，これら微粒子を含む多くのナノ粒子が広く産業で注目されている（図1.4にAu（金）ナノ粒子の電子顕微鏡写真を示す）．ナノテクノロジー関連業界団体・学会・公的機関などから発表されているナノ粒子の利用に関する技術ロードマップでは，光学的特性，反応性，伝導性といったナノ粒子の機能を有する工業製品だけでなく，軽量，高強度，磁気保持など新たなナノ粒子の機能を用いて環境・エネルギー分野，医療分野へと利用範囲が広がりつつあることを報告している（図1.5）．

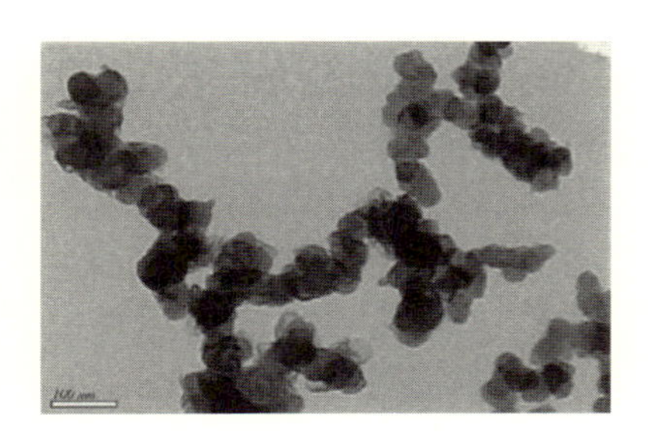

図1.3　カーボンブラックの電子顕微鏡写真

出典：カーボンブラック協会ホームページ（http://carbonblack.biz/safety 05.html）

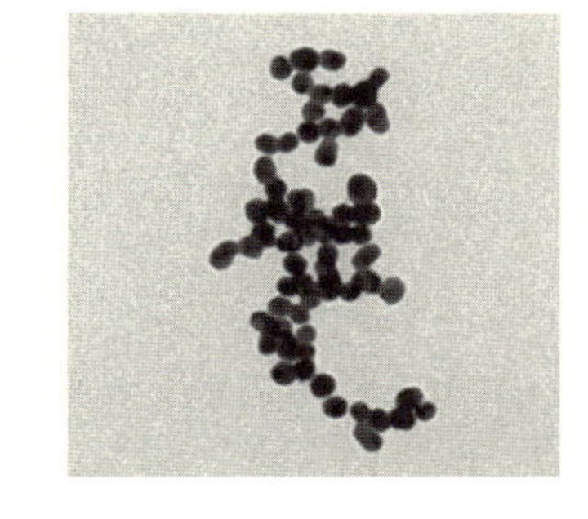

図1.4　Auナノ粒子（平均粒子径15 nm）のTEM像

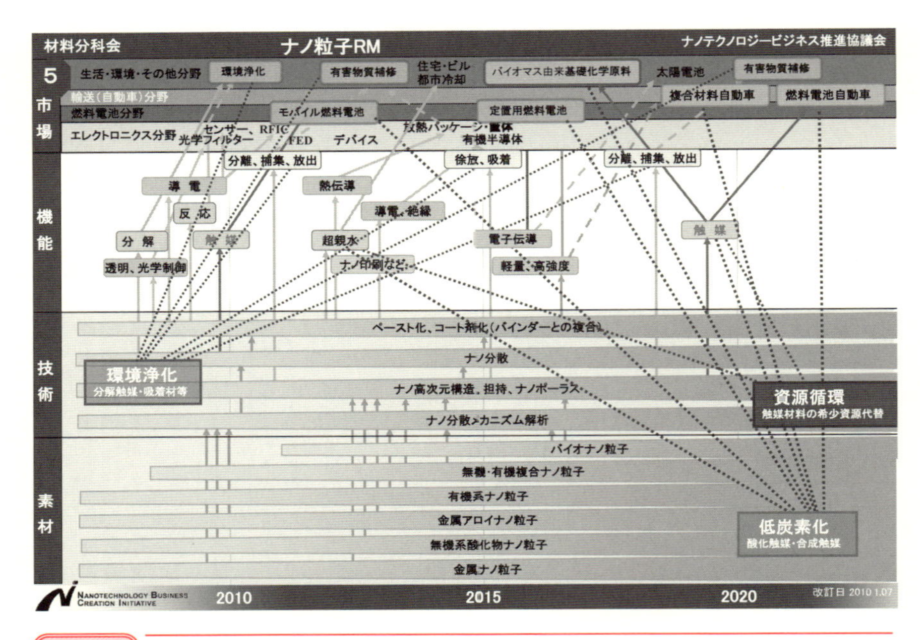

図 1.5 ナノ粒子ロードマップ

出典：ナノテクノロジービジネス推進協議会（材料分科会）ホームページ
（http://www.nbci.jp/information/index.html#20091209）
口絵 1 参照

1.4.1 ナノ粒子の特性

粒子はナノスケール化に伴いマクロ粒子とは異なる物理的，化学的特性を表すようになる．ナノスケール化に伴う基本的な特性として表面特性，光学的特性，電子特性，力学特性，熱的特性そして磁気特性が挙げられる．ナノ粒子は触媒の高効率化・新規化学反応，光の反射・吸収・透過，蛍光発光，さらに融点の低下などマクロ材料では得られない特性などをもつ新規材料としての可能性を提供している．

(1) 大きな比表面積・反応性

ナノ粒子の特徴を最も表しているのが表面特性である．粒子を球形とした際，粒子径（半径：r）と単位質量あたりの表面積（比表面積：S）の間には式

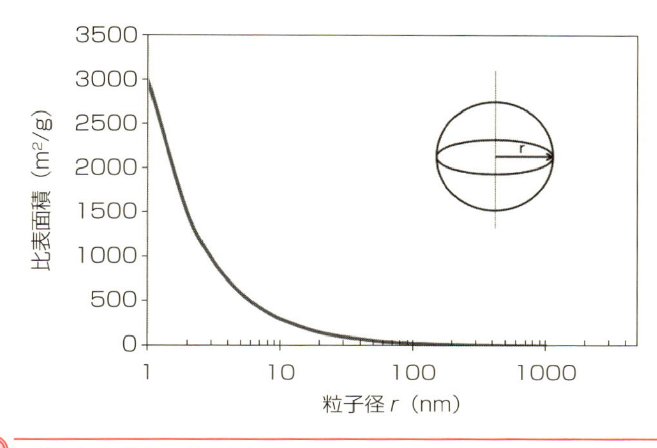

図 1.6 粒子径と比表面積の関係

(1.1) が成り立つ.

$$S\,(\mathrm{m^2/g}) = \frac{3}{r\rho} \tag{1.1}$$

式 (1.1) において粒子密度 (ρ) を 1 g/cm^3 とした場合の粒子半径 r と比表面積 (S) の関係を図 1.6 に示す．粒子径の減少による比表面積の著しい増加は，粒子の表面エネルギーの増大を伴っている[5]．この現象は粒子の表面活性（触媒活性，吸着能力）に対し重要な因子となることから，表面特性を利用した触媒，各種センサ素子へナノ粒子が利用されている．

(2) 光学的特性の変化

ナノ粒子の光学的特性は，粒子径に依存する光の散乱特性の変化として現れる．通常，金属材料が金属独自の光沢を示す現象は次のように説明される．金属中の自由電子は光が当たるとそのエネルギーを吸収し共鳴する．光の振動数が金属固有の振動数より小さい場合，光は金属材料の中に入れず反射する．可視光領域（波長域：380 nm～780 nm）では，金属に応じた反射（吸収）特性を示し，金属独自の光沢を示す．これに対し数ナノメートルから数百ナノメートルと材料をナノスケール化（粒子化）すると，材料（粒子）は光の吸収特性が変わり，鮮やかな色を発色する光学的特性を示す．特定の波長の光をこれら粒子に入射すると，表面プラズモン共鳴 (SPR：surface plasmon resonance)

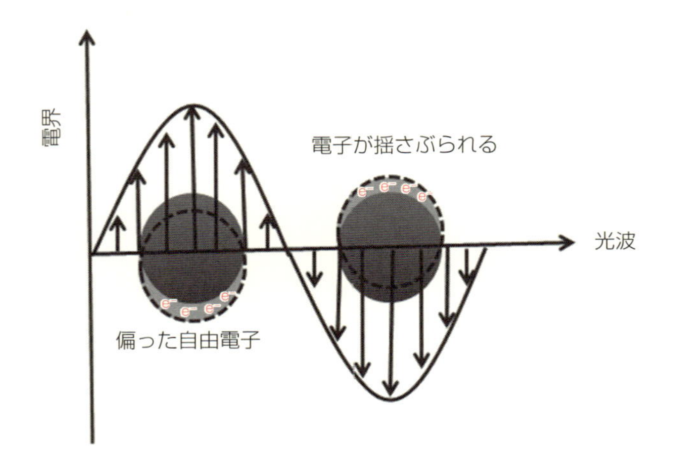

図 1.7 プラズモン共鳴原理

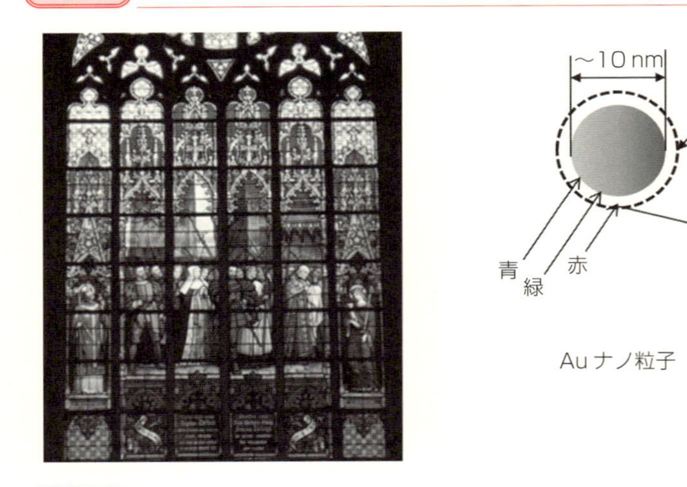

図 1.8 ステンドグラスの赤

口絵 2 参照

とよばれる光吸収と光散乱成分を含むナノ粒子表面上の電子の集団振動現象が生じる（図 1.7）[6]．Au や Ag ナノ粒子では SPR 現象が顕著に現れ，粒子径，形状，状態に依存して異なる波長域で光吸収（反射）が起こる[7,8]．この現象を利用した着色材は，古くから教会のステンドグラス（図 1.8）や薩摩切子のようなガラス工芸品などに利用されてきている．

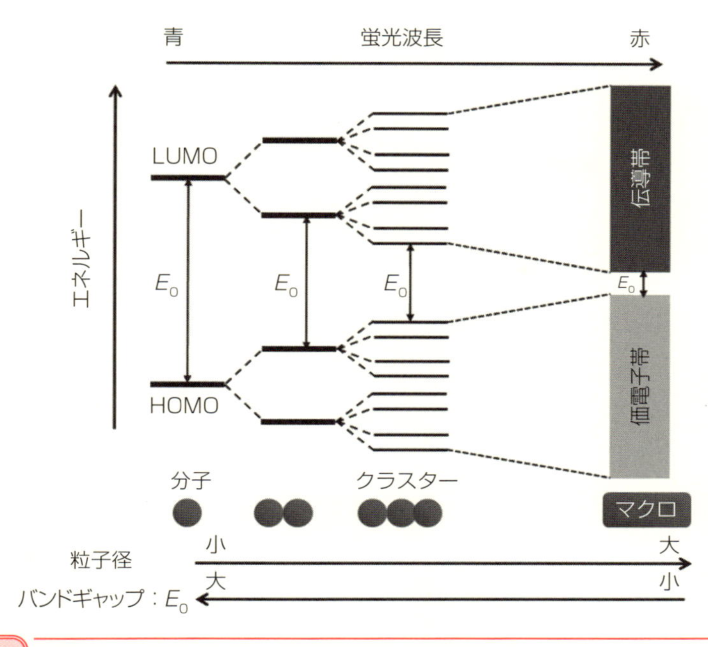

図 1.9 金属のナノ粒子化に伴う連続エネルギー準位の変化

(3) 電子特性の変化

金属・半導体ナノ粒子は，光を当てると蛍光を発する．蛍光波長は粒子サイズに依存しており，サイズが小さくなると波長は短くなり，赤色から青色へと変化する．これは量子サイズ効果とよばれる現象に起因している[9]．すなわち，価電子帯と伝導帯のバンドギャップ† (E_0) がバルク‡時に比べ広がり，またエネルギー準位間隔も大きくなって，小さなナノ粒子は分子の電子状態に近くなるためである（図 1.9）．このバンドギャップの大きさはほぼ可視光領域と一致する．同じ材料でも粒子径を精密に制御することによって，異なる蛍光発光が起こる．この特性の利用例として，バイオ標識としての蛍光試料がある．

---

† バンドギャップ：原子が集まり結晶を構成すると，電子が取りうるエネルギー準位は連続的に分布しバンド構造の準位をつくる．このバンド構造において，電子が占有する最も高いエネルギーバンド（価電子帯）の頂上から，最も低い空のバンド（伝導帯）の底までの間のエネルギー差がバンドギャップである．

‡ バルク：物質のうち，界面を接していない部分を指す．

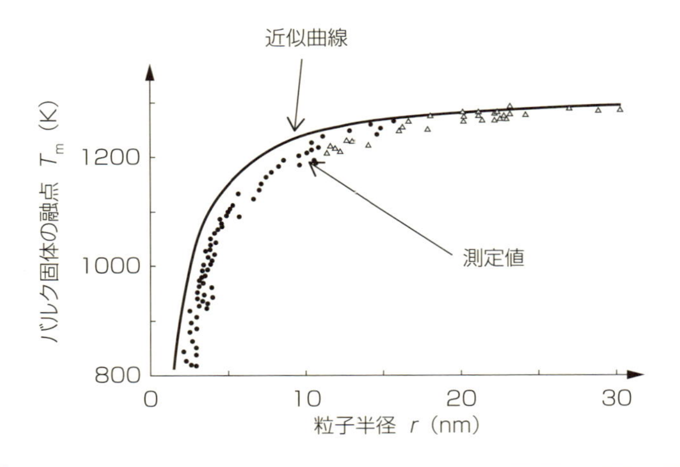

図 1.10 Au 粒子の融点と粒子径依存性

(4) 熱的特性としての融点の降下

ナノ粒子は大きな表面積を有するため，粒子径が減少するに伴い，原子の拡散・移動や溶解性が増大し，融点が降下する熱的特性を有している．この現象を熱力学的に表すと，式 (1.2) で示すことができる[10]．

$$T_s = \left(1 - \frac{E_s}{2\,\Delta H_m r p}\right) \times T_m \qquad (1.2)$$

T_s：粒子の融点，T_m：バルク固体の融点，ΔH_m：粒子物質の融解熱，r：粒子半径，ρ：粒子密度，E_s：表面エネルギーである．式 (1.2) より粒子径が小さくなる（同時に表面エネルギーが増加する）に伴い，融点降下が大きくなることがわかる．図 1.10 に Au 粒子の融点の粒子のサイズ依存性を示す[11)12]．Au のバルク融点は 1337.33 K（K：絶対温度†表記）であるが，粒子径が 5 nm 以下になると急激に低下し，数ナノメートルの粒子になると融点は 1000 K 以下となるため，金を低温で融解することが可能となる．

† 絶対温度：物質を構成する分子，原子の熱による運動がすべて停止する温度を零度とし，水，氷，水蒸気の平衡温度を 273.16 度と定義する．セ氏温度に 273.15 度を加えた値で表示する．単位はケルビン（記号：K）である．

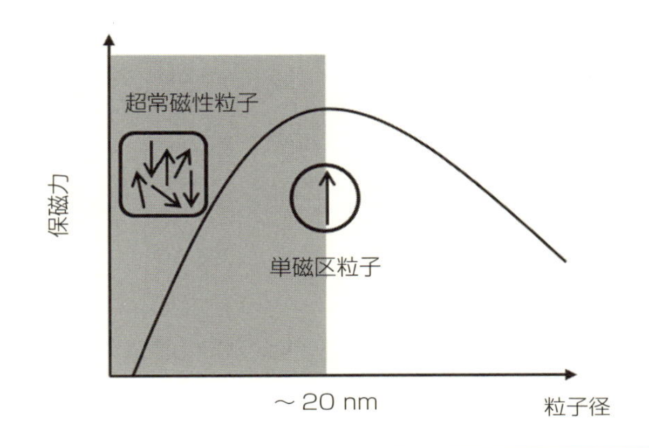

図 1.11 保磁力の粒子径依存性

(5) 磁気特性の発現

磁気特性の粒子サイズ依存性を図 1.11 に示す．強磁性粒子は粒子径が減少するに伴い，磁化反転のための核生成頻度が小さくなるので，保磁力は粒子径とともに増加する．粒子径が単磁区粒子サイズになると，個々の粒子は単磁区粒子となり，保磁力が最大となる．ナノ粒子のような小さな体積で磁力を保てることはハードディスクの磁性材料へのナノ粒子の利用が期待される．

さらに粒子径が減少すると，磁化反転が熱攪乱により起こり始め保磁力が減少し，保磁力が発生しない超常磁性状態になる．この特性を造影剤だけでなく，ハイパーサーミア（温熱療法）へ応用する報告もある[13]．

1.4.2 産業利用例

ナノ粒子はバルク状態とは異なる数々の特性を有しており，これら特性を利用した製品が数多く開発されている．ナノ粒子の代表的な利用例を表 1.1 に示す．本節では，塗料・顔料，環境・エネルギー分野，バイオ・医療，化学材料，そしてエレクトロニクスでのナノ粒子の産業利用例について紹介する．

(1) 塗料・顔料分野

顔料は塗料，化粧品，紙，さらには食料品などの色材として身の回りで広く

表 1.1　ナノ粒子を用いた利用例

ナノ粒子	応用例
TiO_2，ZnO，SiO_2	顔料，化粧品
Ag，Au，SiC，ITO，CNT，グラフェン	電子材料
Ag，CuO，ZrO_2，CeO_2，TiO_2，Si，ZnO，SiC，CNT，フラーレン	太陽電池，リチウム電池材料，電解質材
CuO，Al_2O_3，ZrO_2，CeO_2，酸化鉄，グラフェン，フラーレン，ポーラスカーボン	触媒
TiO_2，Au	光触媒
Ag，ZnO，ダイヤモンド	蛍光体
Ag，Au	バイオセンサ
Ag，ZnO，CuO	抗菌剤，消臭剤
Al_2O_3，SiO_2	研磨剤

使用されている材料である．顔料は無機顔料と有機顔料とに大きく分類される．無機顔料は地味な色が多いが，耐光性・耐熱性に優れている．一方，有機顔料は彩度が高いが耐光性・耐熱性に劣っている．粒子としての顔料は無機材料であるため，本節では無機顔料について記述する．

通常使用されている無機顔料には TiO_2，酸化鉄，ZnO のような金属酸化物，$CaCO_3$ や粘土鉱物，さらには金属，炭素や複合金属酸化物などがある．これら無機顔料粒子の粒子径は数ナノメートルから数ミリメートル，また形状も球状・針状などがあり利用目的に応じて性能・形状もさまざまである．ナノスケール化による表面特性はマクロとは異なる性能を引き起こし，顔料の特性そのものを変貌させている[14]．ただし，ナノスケール化は表面積の増加による表面エネルギーの増大を引き起こし，その結果粒子同士の凝集力が大きくなり分散を妨げる問題を発生させたりしている．

酸化鉄系である α-Fe_2O_3（ヘマタイト）粒子は最も一般的な赤色酸化鉄系顔料で，「ベンガラ」という名称で古くから壁画などの塗料として使用されてきている材料である．α-Fe_2O_3 粒子を 100 nm 以下まで小さくすると，可視光（λ＝700 nm）の光透過率が向上する．一方，α-Fe_2O_3 粒子は粒子径に依存せず紫外線領域の透過率を抑制できる．このため，ナノスケール化した α-Fe_2O_3 粒子は紫外線吸収機能を有する着色フィルムの顔料や下地を活かしたメタリック

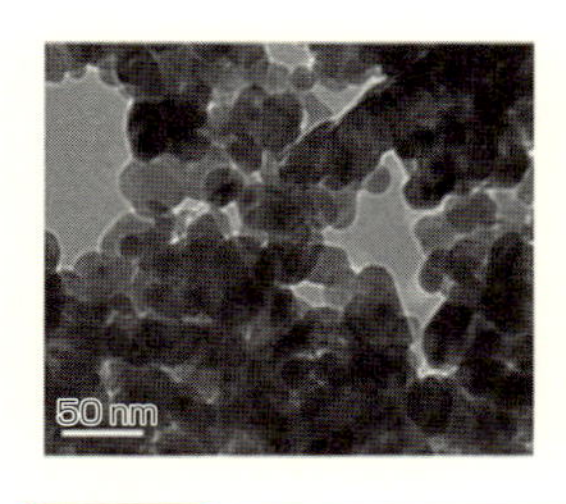

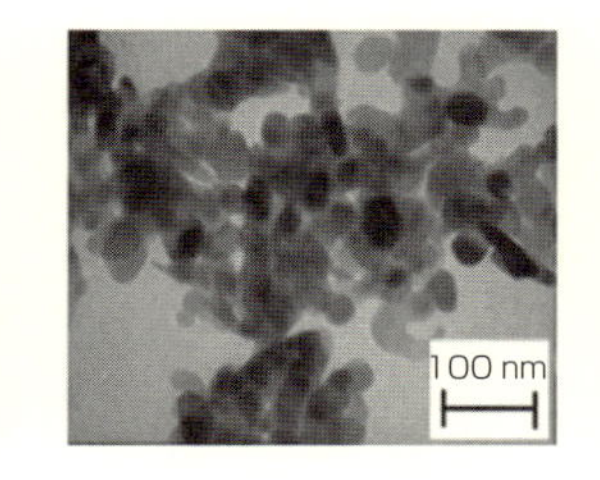

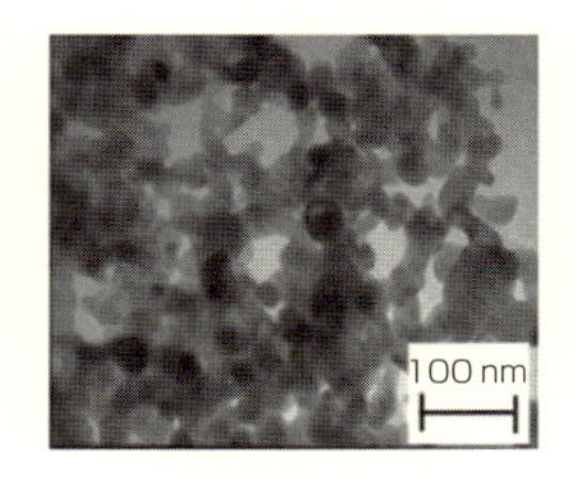

図 1.12　ZnO の TEM 像

出典：住友大阪セメント株式会社ホームページ
（http：//www.soc.co.jp/service/new_material/ultrafine/ultrafine 01-2/）

塗料として用いられている[15]．

化粧品では材料のナノスケール化や複合粒子化により，それらの光学的特性や表面特性を利用した製品が多数開発されている．近年，紫外線の人体に対する有害性が問題視されたことにより，各種紫外線防御剤としての化粧品材料の開発が注目されている．紫外線から人体を防御する化粧品原料としては，大別すると紫外線吸収剤と紫外線遮蔽材に分類される．紫外線遮蔽材は物理的に紫外線を散乱，反射させることができる．紫外線遮蔽材として利用されているのは，TiO_2 や ZnO（TEM 像を図 1.12 示す），CeO_2（酸化セリウム），酸化鉄などである．特に，TiO_2 や ZnO は紫外線散乱効果に優れており，ファンデーションやサンスクリーンの化粧品原料として広く用いられている．TiO_2 は結晶構造によってアナターゼ型とルチル型[†]に分けられるが，ルチル型の方が被覆力，隠蔽力に優れていることから，化粧品に配合されている TiO_2 はルチル型が一般的である．

紫外線遮蔽材には，TiO_2 や ZnO それ自体が白色であることに加えて，紫外線散乱により自然の色でなく白っぽく不自然に見える現象（白浮き現象）が発生する課題がある．物質が透明であるためには，可視光域に吸収がないことに加え，散乱がないことが条件となる．粒子による光の散乱は，粒子サイズによ

† TiO_2 には組成が同じで結晶構造が異なるルチル型（正方晶系，高温型），アナターゼ型（正方晶系，低温型）およびブルッカイト型（斜方晶）が存在する．ルチル型は全温度域で最も安定である．

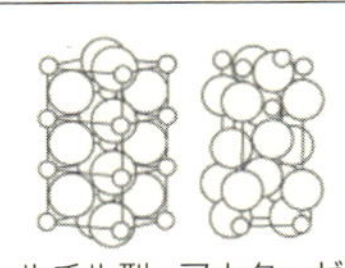

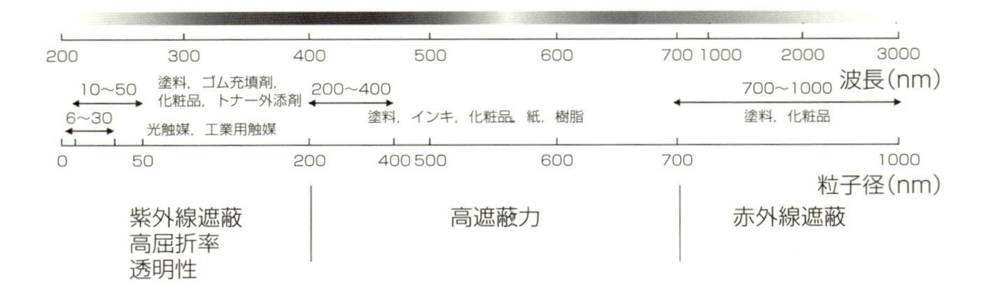

図 1.13 TiO_2 の光学特性による産業利用

口絵 3 参照

り幾何散乱，回折散乱，ミー（Mie）散乱，レイリー（Rayleigh）散乱に区分される．通常，波長の 1/2 の粒子径が最も散乱が大きく，粒子径が小さくなるとレイリー散乱式 (1.3) より粒子径 (r) の 6 乗に比例して散乱係数 (R_s) は小さくなり，透明性が得られる．式 (1.3) で M は反射係数である．

$$R_s = \frac{4\pi^5 r^6}{3\lambda^4} \times \left(\frac{M^2-1}{M^2+1}\right)^2 \tag{1.3}$$

図 1.13 に TiO_2 の光学特性図を示す．図に示すように 15〜50 nm 径の TiO_2 ナノ粒子は可視光領域 (400 nm) の波長の 1/10 以下と十分に小さいため，高い透明性が得やすいことがわかる．したがって，TiO_2 や ZnO をナノ粒子化してサンスクリーン原料と用いることにより，紫外線散乱による白浮き現象の発生を抑制し透明感に優れたものにできる．

紫外線吸収剤は，光エネルギーを吸収し，熱や赤外線などのエネルギーに変換放出することで紫外線が皮膚の細胞に浸透することを防ぐことができる．吸収できる光エネルギー（波長吸収端）は，酸化物の場合，価電子帯と伝導帯のエネルギー差であるバンドギャップ E_0 により決まる．バンドギャップ以上のエネルギーをもつ光を照射すると，電子は価電子帯から伝導帯へ励起され，光は吸収される．

TiO_2（ルチル型），ZnO の E_0 はそれぞれ 3.0 eV（光波長で 320 nm），3.2 eV（光波長で 380 nm）である．ただし，TiO_2 では電子の励起が間接励起であるため，実際の吸収特性に幅があり，320 nm から始まり 420 nm に向かってブロードに吸収する．これに対し，ZnO は電子の励起が直接励起であるため，バンドギャップに相当する 380 nm 以下の波長の光を吸収できる．これらの結果は，TiO_2 は UV-B（紫外線 B 波：280～315 nm）に，ZnO は UV-A（紫外線 A 波：315～380 nm）にそれぞれ紫外線遮蔽性能が優れていることを示している．TiO_2 と ZnO は同じ無機系紫外線遮蔽材として競合するが，それぞれ異なる特徴を有しており，相補的な役割をもつ材料となっている．

一方，色々な光のもとで自然の肌色を出すには，現在使用している顔料では不十分である．この課題解決に向け，光学的特性を粒子の形状，大きさ，さらに表面状態の制御，反射・透過・拡散の性能向上のための粒子の複合化，特性吸収・干渉・回折による新たな発色機能の付加など，機能性化粧品の素材開発も進んでいる．TiO_2 と酸化鉄，TiO_2 と酸化コバルトなどの複合粒子化により，赤～黄，緑～青緑色の顔料が得られる．また TiO_2 に微量の鉄をドーピングした複合粒子は UV 光により黒化する現象を活用し，適切な波長・強度の光が照射されることにより色が可逆的（元に戻す）に変化するフォトクロミック効果を示す材料も開発されている．

また表面処理により粒子表面の特性を変化させ，新たな機能を付加した粒子開発も行われている．負の電荷をもつ ZnO ナノ粒子（30 nm）表面に酸化シリコンの薄膜を 2～3 nm コーティングした複合粒子は，肌表面のタンパク質を分解し肌荒れを引き起こす酵素ウロキナーゼを吸着・阻害することで，肌荒れ抑制効果を示す報告もある[16]．これら以外の化粧品材料として $CaCO_3$，マイカ（含水ケイ酸アルミニウムカリウム）などの微粒子も使用されている．これら材料をナノ粒子化・複合化することで，従来にない高性能製品も開発されている．最近では従来の無機酸化物粒子以外の材料としてフラーレン（C_{60}）を紫外線吸収剤としての活用，さらにはナノクラスターのサイズ制御による鮮やかな色調を呈する着色剤への利用も進んできている．

(2) 環境・エネルギー分野

TiO_2 は前述した化粧品などの顔料材料以外に，環境・エネルギー分野で注目を集めている材料である[17]．光の作用で有害物質の分解，脱臭効果，ヒートアイランドの解消といった光触媒機能を有する TiO_2 が光触媒用 TiO_2 である．光触媒用 TiO_2 の粒子径は数十ナノメートル程度（図 1.14），結晶構造は化粧

ST-01（倍率 40 万倍）

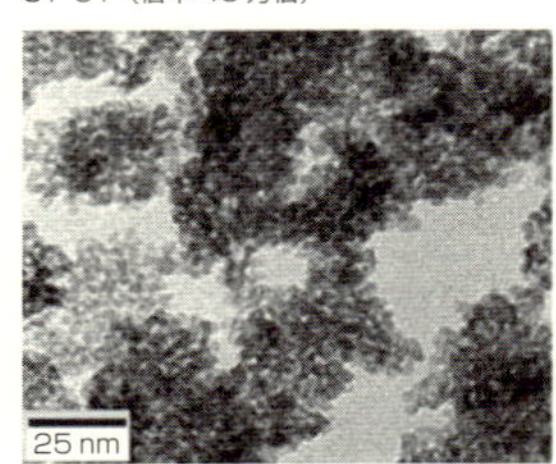

ST-21（倍率 40 万倍）

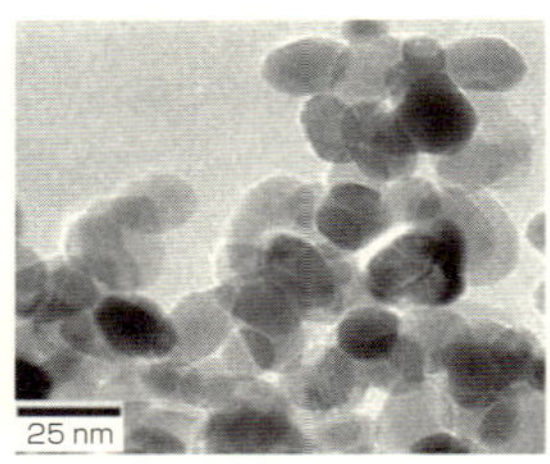

ST-41（倍率 10 万倍）

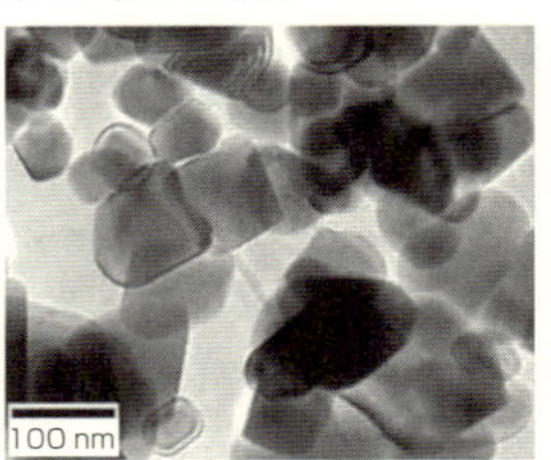

図 1.14　光触媒用 TiO_2 の電子顕微鏡像

出典：石原産業株式会社ホームページ
（https://www.iskweb.co.jp/products/functional 05.html）

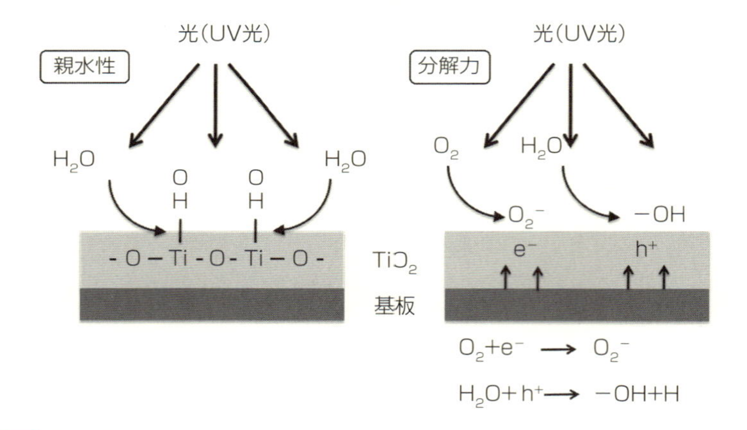

図 1.15　光触媒作用の概要

品材料のルチル型とは異なりアナターゼ型である．

光触媒作用は図 1.15 に示すように，光酸化作用により有機物を分解する酸化分解力と濡れやすい表面を形成する超親水化現象を生じる．このように，光酸化反応と超親水化現象を利用することで，セルフクリーニングとよばれる効果が発生する．この効果は光の照射を中断してもしばらくは保持する．一方，光触媒として使用される TiO_2 は光がなければ 100℃ 以下の温度では反応しないことから，生体に対し安全であると同時に，環境汚染も引き起こさない材料である．このため，建築用の外装建材だけなく，身の回りの製品に広く用いられるようになってきている[18]．最近，紫外線より波長の長い紫や青い光でも触

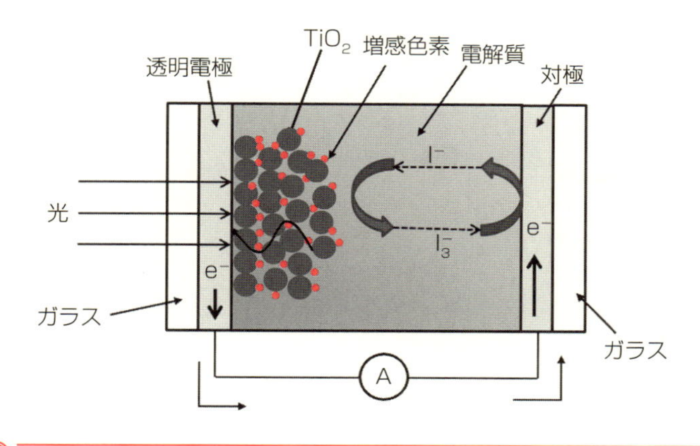

図 1.16 色素増感太陽電池の概要図

媒効果を発揮する可視光応答型光触媒が開発され，応用製品も開発されている．さらにより波長範囲を広げる研究や性能向上の改良が盛んに進められている[19]．

エネルギー分野へのナノ粒子利用としては太陽電池への利用がある．一般に太陽電池はp–n接合の半導体によって形成されている．半導体の接合部分で，光吸収により電子とホールが発生し，接合電位により分離され，光起電力が生じるのである．しかし，発生と同じ箇所で電子とホールが再結合しやすいので，光電変換率が制限される．この課題を解決する方法として，色素とナノ粒子間の電気陰性度差を利用し，光誘起キャリアを効率よく分離する色素増感太陽電池が提案されている（図 1.16）．色素増感太陽電池では色素分子に対し大きな反応面積をもつ TiO_2 ナノ粒子を，電極材料として利用している[20,21]．このときの TiO_2 の一次粒子径は数ナノメートルから数十ナノメートルである．類似した太陽電池として，フラーレン（C_{60}）と伝導ポリマー間の電気陰性度差を利用した太陽電池も報告されている．

燃料電池は物質がもつ化学エネルギーを電気エネルギーに直接変換する発電装置で，熱機関に比べて効率が高く，環境にも優しく，次世代エネルギーシステムとして開発・普及が進んでいる．燃料電池は用いられる電解質によって分類されるが，注目を集めているのが固体高分子形燃料電池（PEFC：polymer

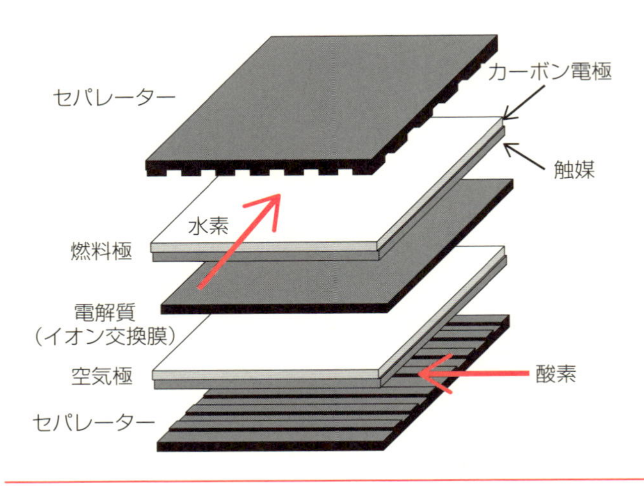

図 1.17 固体高分子形燃料電池の構造図

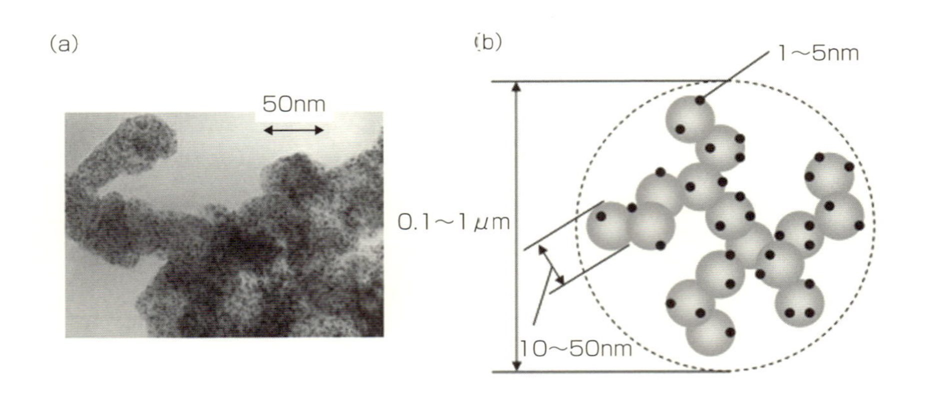

図 1.18 カーボン担持 Pt 触媒の(a)TEM 像と(b)概念図

出典：内田誠，柿沼克良，渡辺政廣：粉砕，**56**，3（2013）

electrolyte fuel cell）である[22]．PEFC の構造は図 1.17 に示すように，電解質としてプロトンのみを透過するイオン交換膜を用い，電極には粒子径 10~50 nm のカーボン担体に粒子径 1~5 nm の Pt（白金）またはその合金のナノ粒子を高分散担持された触媒が用いられている（図 1.18）．アノードでの水素酸化反応は早いため，触媒の Pt 量は少量で済むが，一方，カソードでの酸素還元反応速度は大変遅いため，多量の Pt を必要とする．このため，燃料電池の普及のためには，使用触媒量の削減が課題となっている．触媒グラム当たりの電流量（MA），触媒表面積当たりの電流量（J），触媒当たりの表面積（S）の関係は式（1.4）で表すことができる．

$$MA\ (\mathrm{A/g}) = S\ (\mathrm{cm^2/g}) \times J\ (\mathrm{A/cm^2}) \tag{1.4}$$

したがって，触媒量の低減は S，J の増加で可能となる．S の増加は触媒粒子径をナノサイズ化することで可能となるため，粒子径 2～5 nm の触媒が使用されている．J の増加は Fe（鉄），Ni（ニッケル），Co（コバルト）のようなユビキタス元素との合金化で実現できる．

触媒をナノ粒子化することで，活性化増強は達成できるが，一方で劣化が早くなる．このため PEFC 実用化には Pt 量の低減と耐久性向上が必要となる．性能劣化はカーボンの腐食に伴う Pt の凝集や脱落が生じたためである．これらの課題解決のためには最適な Pt の粒子径制御が重要となっている．渡辺らは界面活性剤（$LiBEt_3H$）に Pt 触媒原料金属塩を閉じ込め，カーボン担持後熱処理を施すことで粒子径を制御するナノカプセル法を開発した[23]．

燃料電池システムでは電池本体だけでなく，供給する水素ガス製造にもナノ粒子触媒が使用されている．PEFC は供給ガス中に CO ガスが 10 ppm 以上の濃度で混入していると PEFC の劣化を引き起こす．そのため CO ガスを除去するだけでなく，H_2 と混合させ CH_4（メタン）として除去するための触媒も開発されている．このような触媒の例として，図 1.19 に Ni-Al_2O_3 酸化物にナノ粒子化した Ru（ルテニウム）を担持した触媒の TEM 像を示す．一つの触媒粒子の粒子径は 6 nm 以下と大変小さいものである．

このように燃料電池では電極だけでなく，供給ガス生成にも多くのナノ粒子が使用されている．特に水素化反応触媒や自動車の排気ガス浄化用触媒として広く使用されている Pd（パラジウム）は自身で約 1000 倍の体積の H_2 を吸蔵することができ，水素吸蔵金属などの研究が行われている．

このように環境・エネルギー分野ではナノ粒子の利用が進んできており，今後のエネルギー問題解決する技術開発でナノ粒子が重要な役割を担っている．

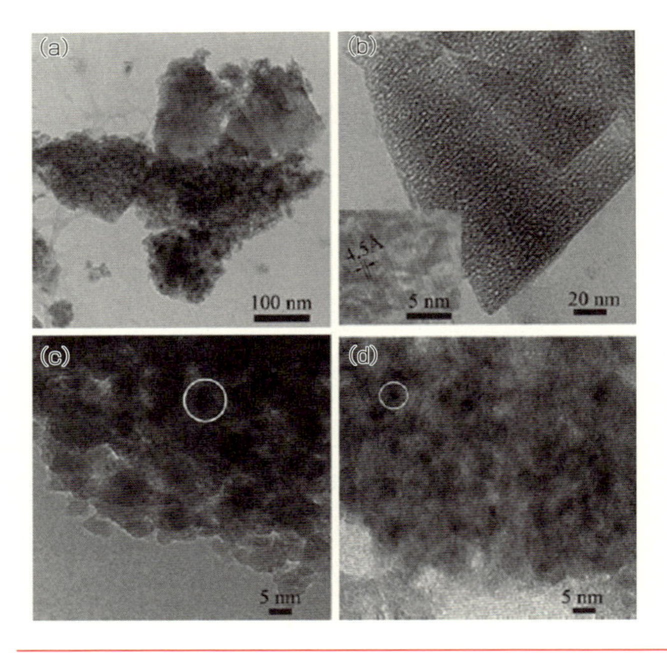

図 1.19 $Ni–Al_2O_3$ に Ru を担持した触媒の TEM 像
(a)〜(c) 1 wt%Ru 担持触媒，(d) 400℃ 水素還元後の TEM 像

出典：A. Chen *et al. Angew. Chem. Int. Ed.*, **49**, 1 (2010).

(3) バイオ・医療分野

バイオ・医療分野へのナノ粒子の利用も期待されている．通常，4〜400 nm 未満のサイズの粒子は，吸収も分解もされず，血管中を安定に循環ができる．このサイズの物質だけが血管中を移動できるため，ナノ粒子の有する種々の特性を利用すればナノ粒子を薬品の患部への送達，診断用途などへ応用できる．

医療分野で広く利用されているナノ粒子として Au ナノ粒子がある[24]．Au ナノ粒子のバイオ・医療への最も代表的な応用は，Au の表面プラズモン共鳴による強い発色性を用いた組織の染色である．組織の染色は生体組織や分子の生体内分布を調べるのに頻繁に用いられている．また近赤外吸収 Au ナノ粒子は，700〜800 nm の波長の光で励起されると熱が発生するので，Au ナノ粒子を含む腫瘍に光を照射することで粒子が加熱される，腫瘍細胞を破壊する光線力学的療法に用いられている．さらに，Au ナノ粒子は体積当たりの表面積が

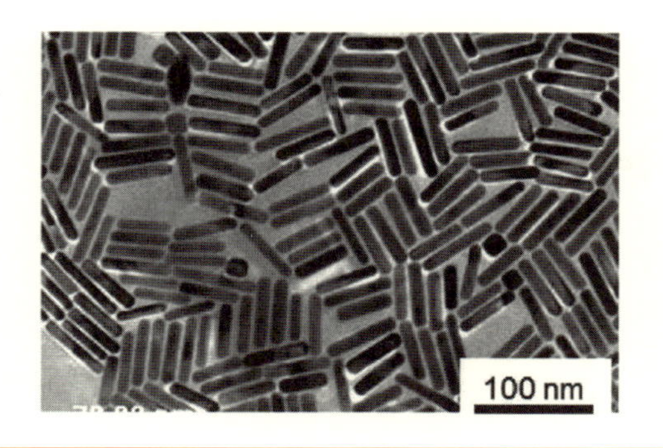

図 1.20　Au ナノロッド（10×50 nm）の TEM 像

出典：高橋幸奈，井手奈都子，山田　淳：*BUNSEKI KAGAKU*, **63**, 551（2014）.

大きいため，治療薬や標的化剤を表面に多くつけることができる．この薬剤を患部へ送達することで，投薬効果を著しく高めることができる．

近年ナノロッド化した Au によるバイオ・医療分野への応用も期待されている．Au ナノロッドは図 1.20 に示すように棒状の形状で，調整条件により異なる径と長さの Au ナノロッドを生成することができる．さらにサイズのコントロールは比較的容易であり，そのサイズ分布幅も小さくすることが可能である．特に Au ナノ粒子では，実現困難である近赤外域でのバンドの完全な消失を形状変化に伴って可能とする．

一般に広く使用されている Au ナノロッド（内径 10 nm，長さ 50～80 nm）は長さ方向の電子振動に由来するプラズモン吸収を 800～1000 nm の近赤外域に有している．この近赤外域の光は生体組織への透過性が高い．また Au ナノロッドは吸収した光を熱に変換するフォトサーマル効果も示す．これらの特徴を示す Au ナノロッドを利用した薬物デリバリーシステムは経口投与のように消化管から肝臓を経由することなく，血流に直接薬品を送りこむことができる．これら特性を利用した Au ナノロッドの光機能性経皮ワクチンシステムへの適応研究が進んできている[25]．

半導体ナノ粒子は粒子径や組成で発光波長を制御でき，さらに有機色素より耐光性が優れ，試薬としての安定性があることからバイオ用蛍光試薬への応用が期待されている[26]．このナノ粒子は，界面活性剤やバンドギャップの広い半

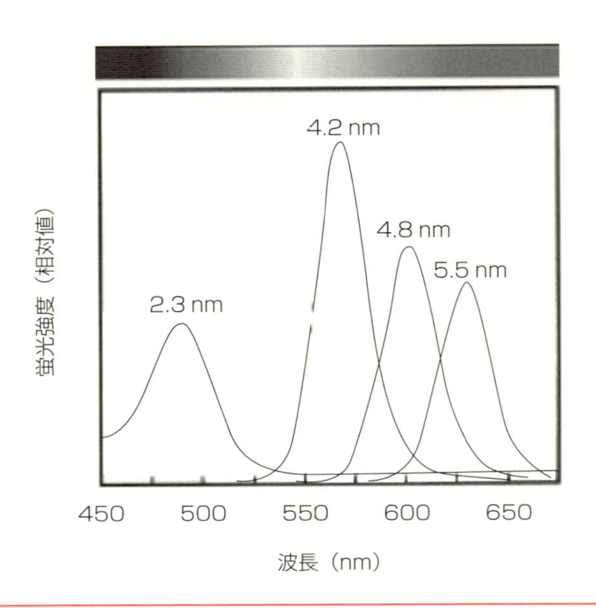

図 1.21 CdSe ナノコロイドと CdSe–ZnS ナノコロイドの粒子径に対する蛍光スペクトル

出典：B. O. Dabbousi *et al.*: *J. Phys. Chem. B*, **101**, 9463（1997）
口絵 4 参照

導体で被覆すると強く発光する．CdSe（セレン化カドミウム）はバンドギャップが 1.8 eV の半導体で，その粒子に ZnS（硫化亜鉛）や CdS（硫化カドミウム）で被覆することで，強い蛍光が発せられる．図 1.21 に CdSe ナノコロイドと CdSe–ZnS ナノコロイドの粒子径に対する蛍光スペクトルを示す．粒子径が 5.5 nm から 2.3 nm と小さくなるに伴い，橙色から青色へと蛍光色が変化する．これらのナノ粒子表面にカルボキシル基やアミノ基をもつ有機化合物を付着することで，DNA やタンパク質と相補的結合が形成できることから蛍光試薬剤として利用できる[27]．

近年 Cd（カドミウム）の有毒性のため，Cd を含まない安全性のナノ粒子として ZnSe（セレン化亜鉛）系ナノ粒子，InP（リン化インジウム）系ナノ粒子が開発され，利用されている．

磁性ナノ粒子は磁場の操作によって，①液中での凝集・分散の制御ができる，②磁場勾配により移動・輸送が可能となる，③交流磁場により発熱する，

④周囲に発生する磁場を変化させる，といった機能を有している．これら機能を利用することで特定生体分子のスクリーニング，薬剤輸送，細胞操作などへ応用されている．

Fe_3O_4（マグネタイト），γ-Fe_2O_3（マグネヘマタイト）あるいはそれらの中間体は磁性ナノ粒子としてバイオ・医療分野で広く使用されている．酸化鉄ナノ粒子の粒子径は数ナノメートルから200 nm程度で，特に粒子径2〜20 nmの磁性ナノ粒子は，磁場がない状態で超常磁性を示すが，外部の磁気源により磁化することができる．このように酸化鉄ナノ粒子は常磁性特性，生物学的適応性，非毒性などユニークな特性を有しているため，バイオ・医療分野での応用が期待されている[28]．一方，磁性酸化鉄は活性物質との親和性が高く，ほとんどの物質を表面に吸着する．このため磁性酸化鉄を医療分野へ使用するには，酸化鉄ナノ粒子表面を疎水性有機配位子で被覆し，ナノ粒子表面を水溶性酸化鉄ナノ粒子へ改質する必要がある．水溶性酸化鉄ナノ粒子は高pH，高温と厳しい条件下でも高い安定性を有し，生体分子と結合を可能とする．用途としては，すでに使用されている核磁気共鳴映像法（MRI：magnetic resonance imaging）の造影剤以外にも，標的特異ドラッグデリバリーのキャリア，遺伝子治療の遺伝子キャリア，温熱療法をベースとする癌治療薬，体外診断薬などがある．

温熱療法はがん細胞が42.5℃以上の熱に対し感受性を示し，その結果がん細胞を死滅させられることを利用した方法である．しかし，従来の温熱療法では体表面から体内のがんに対して治療を施すため，腫瘍組織だけを選択的に加温することができなかった．しかし磁性ナノ粒子である酸化鉄ナノ粒子を用いれば，ナノ粒子を発熱素子とした高周波磁場誘導加温法の新しいがん治療法として利用することが期待されている[29]．

(4) 化学材料分野

ナノ粒子はバルクに比べ比表面積が大きいため，化学反応に関わる原子が多く表面に露出している材料である．この化学反応に寄与する大きな表面積を利用する製品として化学反応用固体触媒以外に，ガスセンサなどのセンサ素子，分光器の検出器などがある．

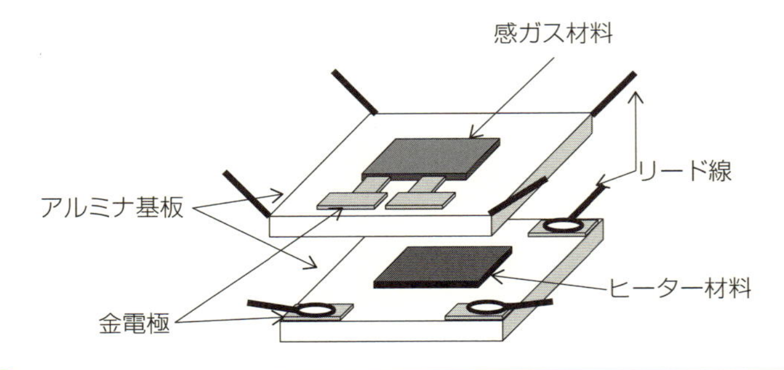

図 1.22　ガスセンサ構造概略図

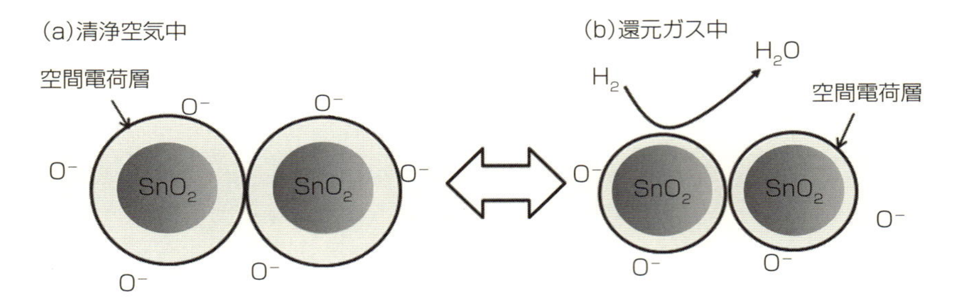

図 1.23　ガスセンサ原理図

(a)酸化スズの表面への酸素吸着により，表面近傍に空間電荷層が形成される．その結果，粒界にポテンシャル障壁が生じ，電子の移動が阻害される．
(b)還元ガス（H_2）により表面吸着酸素は除かれることで，空間電荷層が薄くなる，その結果，ポテンシャル障壁が低下し，電子が移動しやすくなる．

ガスセンサは検知方式，検知ガス種によって分類される．構造はガスを検知する感ガス部と，それを加熱するヒーター部から構成されている（図 1.22）．ナノ粒子はガス漏れ警報器として普及している半導体ガスセンサに使用され，感度・選択性・安定性などセンサ性能向上が期待されている[30)]．通常，検知（感ガス部）材料として広く用いられているのは n 型半導体性を有し，安定で，還元しにくい SnO_2（酸化スズ），In_2O_3（酸化インジウム），WO_3（酸化タングステン），ZnO，TiO_2，Bi_2O_3（酸化ビスマス）など金属酸化物である．半導体ガスセンサは被検ガスとの接触による金属酸化物半導体の電気抵抗の変化を利用してガスを検知する機器で，検知材料には SnO_2 が広く使用されている．図 1.23 にガスセンサの原理図を示す．

この半導体ガスセンサの感ガス材料としてナノ粒子を用いることは，感ガス材料の比表面積が大きくなることでガス検知サイトも増加し，空気中の極低濃度ガスを高感度で検出できるセンサ性能向上が期待できる．また，n 型半導体金属酸化物の結晶子の大きさが負電荷吸着により形成される空間電荷層の厚さの 2 倍より小さくなると，感度が著しく向上することが報告されている．粒子径が空間電荷層の厚さより十分に大きい場合，ショットキー（Schottky）障壁†が素子抵抗値を支配している．一方，粒子径が空間電荷層の厚さに比べ十分に小さい場合，抵抗値は粒子径によって決まる．このような粒子径へ可燃性ガスが存在すると，吸着酸素との反応により空間電荷層が消滅する方向に作用するため，大きな抵抗値変化が発生し，高感度化が図れる．しかし，粒子径が 5 nm 前後以下の場合，空気中の抵抗値の方が大きくなるため実用化が困難となる．

高感度素子は安定性に劣るが，省電力化，マイクロ化，さらには環境中の極微量ガス検知やニオイ検知に対し高感度検知を可能とするナノ粒子を用いる薄膜型素子に注目が集まっている．

化学センシング分野でも金属ナノ粒子に注目が集まっている．金属ナノ粒子の中でも，Au ナノ粒子は高い視認性を示している[31]．蛍光色素であるフルオレセレンとモル吸収係数で比較しても約 22,000 倍と高い増感作用を示す．これは金属ナノ粒子が 2 つ重なった状態でプラズモン共鳴が起こった場合，金属ナノ粒子と金属ナノ粒子の間に強い電場（局所増強電場）が発生するためである．この現象の利用は顕微鏡のマーカーだけでなく，分光学にも応用されている．そのひとつとして Au などの金属の上でレーザ光を照射し，プラズモン共鳴を意図的に発生させ，生じる強い電場によりラマン（Raman）光を強めることで，微量元素情報を検出する表面増強ラマン分光法に応用されている（図 1.24）[32]．

このように分光センシングでは，Au ナノ粒子の吸収・散乱を計測することで，粒子近傍の屈折率変化，分子吸着，粒子会合によるスペクトル形状，位

† 金属と半導体を接合させると金属の仕事関数と半導体のもつフェルミエネルギーの差が半導体界面にエネルギー障壁として現れる．このエネルギー障壁を発見者の W. Schottky にちなんでショットキー障壁とよぶ．

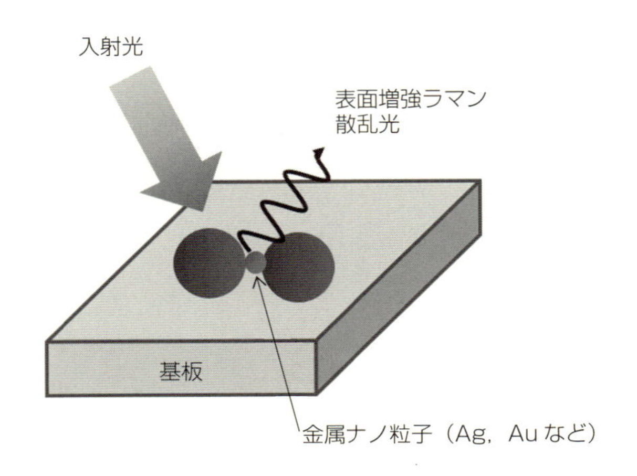

図 1.24　表面増強ラマン散乱概念図

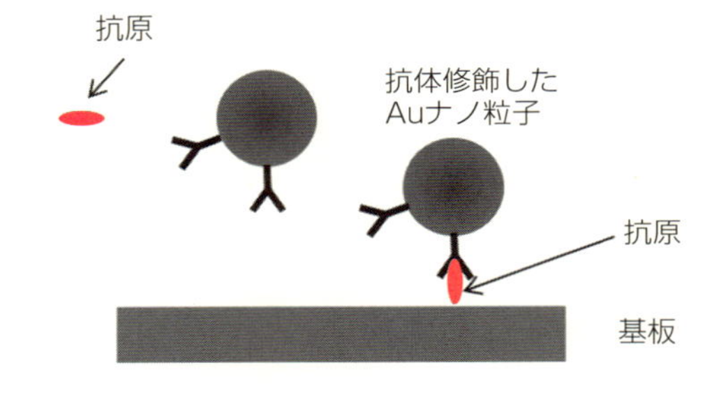

図 1.25　抗原・抗体反応の概念図

置，強度変化を検出する．さらに，これらの光応答は可視領域にある．これらは Au ナノ粒子のバイオセンシングへの応用において大変利点となっている．

Au ナノ粒子と抗原（タンパク質やウイルスなど）はそのまま結合できないため，Au ナノ粒子をバイオセンサとして用いるには，ナノ粒子表面に生体分子を結合させ，ハイブリッド構造を作製することが不可欠である．これには二つの方法がある．一つは抗原・抗体反応（図 1.25），糖鎖–レセプター相互作用などによる生体分子間の相補的で選択性の高い分子認識相互作用を，Au ナノ粒子の局所表面プラズモン共鳴による吸収，散乱スペクトルによる変化として検出する方法である．しかし，抗原の吸着により屈折率が増加し，スペクト

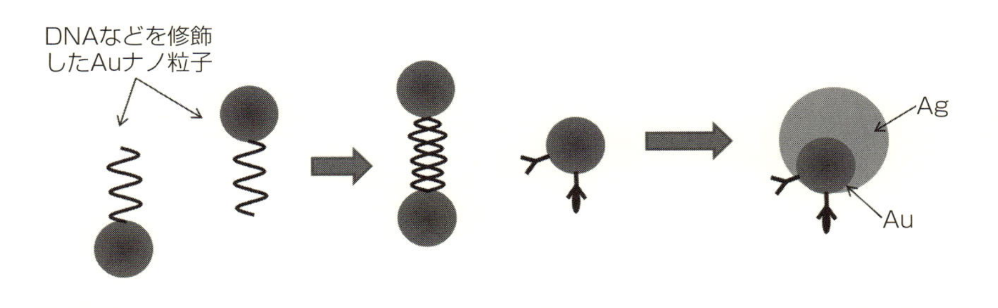

図 1.26　生体分子相互作用によるセンシング原理

ル波長が長波長側へとシフトするが，ナノ粒子の局所表面プラズモン共鳴波長のシフト量は数ナノメートルと大変小さい．このため，バイオセンシングには高感度検出技術の開発が求められている[33]．

もう一つの方法はウイルスなどの生体分子間相互作用を示す一方を Au ナノ粒子や Ag ナノ粒子などと会合，凝集させ，スペクトル変化を観察する方法である（図 1.26）．Au ナノ粒子との会合ではスペクトル変化は分子吸着に比べ大きくなるので，色の変化を識別できる．Au ナノ粒子でなく Ag ナノ粒子と会合，凝集させることで光吸収を Au より低波長側（420 nm）へシフトすることができる．この結果，自然光でも分子認識の選択性と高感度検出が可能となる．このバイオセンシング技術を用いたインフルエンザウイルスの高感度・高スピード検査技術がある．

これら以外に DNA などのバイオセンサとして水晶表面に固着する有機分子の重さを量る水晶振動子マイクロ天秤（QCM：quartz crystal microbalance）の利用がある．

ナノ粒子の化学分野での使用例として固体触媒がある．固体触媒は鉄系触媒を用いた NH_3（アンモニア）の合成など無機工業化学，Co 触媒によるガソリンの製造，ゼオライト触媒や Pt 触媒を用いた石油化学工業分野などで広く用いられている．このような化学工業では多量生産による原材料，消費エネルギーの低減のため触媒機能の改善が求められている．また，これら化学工業で使用される触媒は高価な貴金属類である．そのため，触媒量をできるだけ減らし，それでも反応性を高めるために反応に寄与する面積を得るため，触媒のナ

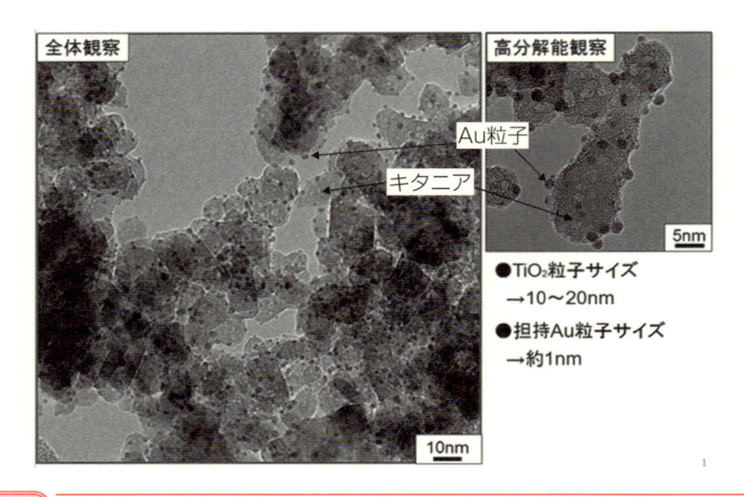

図 1.27 TiO_2 粒子に担持した Au ナノ粒子触媒の TEM 像

出典：神奈川科学アカデミー高度計測センターホームページ
（https://www.newkast.or.jp/koudo/0300_bunseki_jirei/bj_FE-TEM_03.html）

ノ化が進められているのは自然の流れといえる．

しかし，貴金属のうちでも Au は最も安定な金属にも関わらず，触媒作用を示さない元素である．Au は本来不活性であるのに加え，O_2 との親和性がない．そのためナノ粒子は凝集しやすく，SiO_2 などの金属酸化物粒子上に触媒活性の変化が期待されるナノ粒子として分散・固定化することができない．しかし，図 1.27 に TiO_2 微粒子に Au ナノ粒子を担持した触媒の透過電子顕微鏡像を示すが，粒子径が 5 nm 以下のナノ粒子になると触媒活性が発現し，さらに 2 nm 以下になると金属自身の電子構造が変わる（伝導帯電子のエネルギー準位が連続状態から跳び跳びの不連続状態へ変わる）ことで，触媒活性が激変することが報告されている[34,35]．特に Au ナノ粒子の表面は選択的酸化反応，場合によっては還元反応を起こしたりする．Al_2O_3（酸化アルミニウム）担体に固定化した Au ナノ粒子触媒を用いて，グルコースの O_2 酸化によるグルコン酸の選択的反応が報告されている[36]．しかし，Au ナノ粒子触媒は担体を変えることで，活性と選択性が顕著に変わるため，Au ナノ粒子触媒を使用する際には適切な担体の選択が重要となっている．

(5) エレクトロニクス分野

ナノ粒子をエレクトロニクス材料として利用する際，その利用法は大きく二つに分けられる．一つはナノ粒子をバルク材料のビルディングブロックとして利用するもの，もう一つはナノ粒子の特性を利用するものである．

ナノ粒子をビルディングブロックとして利用する実例として，Au や Ag ナノ粒子などの金属ナノ粒子を利用した薄膜電極，配線の形成がある．特にナノ粒子を用いた薄膜は，比較的低温で多結晶膜の形成，そして成膜速度が速いことから，熱に弱いプリント基板への直接電極形成を可能としている．さらに配線，電極，MEMS (micro electro mechanical systems) デバイスの作製にも利用されている[37]．

これを発展させたのが，インクジェット技術などの印刷技術を用いて電子デバイスを製造する，プリンタブルエレクトロニクスである．分散剤で分散した粒子径 3～7 nm のナノ粒子をピエゾ方式のインクジェットノズルから基板に塗布し，200℃ 程度の比較的低温でアニールすることで，線幅 1 μm 以下の配線，電極，MEMS デバイスの作製を可能としている．粒子径が大きな粒子を堆積させると，粒子間隔に多くの隙間が形成されるため，堆積後，緻密な金属構造を形成するには融点近くの高温でのアニールが必要となる．しかし，ナノ粒子を利用する場合，金属ナノ粒子特有な現象である融点の低下効果（式 1.2 参照）が生じるため，低温でのアニールが可能となる．このように，ナノ粒子を用いることにより，粒子表面に存在する金属原子数の割合を多くでき，金属の融点を著しく低下することが可能となり，その結果熱に弱い基板上に直接配線を形成することができる．

ナノ粒子の本来の電磁気特性などの性質を利用したものとしてメモリ，単電子トランジスタ，LSI 用低誘電率膜などがある．高性能のイメージセンサ，ディスプレイを低コストで効率よく生産するニーズに応える技術に量子ドットとして知られている蛍光ナノ粒子がある．

CdSe のナノ粒子では，粒子のサイズを変化させることにより蛍光発光の波長が変化し，単一化合物で可視光から紫外光域までの光を得ることができる．また強い発光強度，安定性，さらに単色光であるため発光の幅が狭く，ディスプレイ，照明，バーコードとして非常に有効な材料となってきている．

粒子径 5～6 nm のシリコンナノクリスタルを利用したフラッシュメモリの報告例もある．フラッシュメモリは微細化に伴い，ゲート酸化膜の膜厚が薄くなり，この結果リーク電流が増大する．複数のナノクリスタルを浮遊ゲートとして用いると，酸化膜の一部に欠陥が存在してリーク電流を抑制でき，また，酸化膜をさらに薄くすることにより，駆動電圧を下げることができる．

このように，電極・配線形成だけでなく，ディスプレイ，メモリなどエレクトロニクス材料としてナノ粒子の利用が進んでいる．一方，粒子が小さくなるに伴い，表面エネルギーが増加するため，粒子同士が凝集を生じやすくなる．そのため，表面エネルギーを下げ，粒子を安定させるためには粒子表面を保護剤で被覆しなくてはならない．粒子径が小さくなればなるほど被覆剤は必要になり，その結果，ナノ粒子をエレクトロニクス分野で利用するには被覆剤の塗布方法，およびそれらの除去方法も考慮しなくてはならない．

ナノ粒子は化粧品など身近で多く使われているけど，これら以外に産業利用が進んでいるナノ粒子は何かな？

光触媒としての酸化チタンがあるんだ．
ビルの外壁塗装・ガラスや道路の舗装に利用することで，汚れを分解するセルフクリーニング，また表面を濡れやすくするしヒートアイランド対策にも有効なんだ．
トイレなどでも広く使われているよ．

1.5 今後の応用研究

今後ナノ粒子が拓く新技術としてはナノエレクトロニクス，オプトエレクトロニクス，ナノバイオテクノロジーがある．さらに，ナノ粒子の構造・物性を突き詰めていくと，原子・分子が数個の集合体である「クラスター」があり，今後の研究が期待される．

その前段としてフラーレン (C_{60})，カーボンナノチューブに代表されるナノカーボン材料が次世代ナノ粒子として注目されている．フラーレン (C_{60}) はグラファイトと同様に sp^2 炭素構造で構成されているが，端のない閉じた縮合芳香環からなる．国内での生産量は現在年間約 2 トン程度であるが，今後使用量の増加が期待されている．主な用途は，テニスラケット，ゴルフクラブといったスポーツ用品で，1% 程度を CFRP（炭素繊維強化プラスチック）に添加することによって衝撃強さを上げることができる．一方で，フラーレン (C_{60}) の電子はすべて非局在化し，分子の周りに広がっており，この電子がフリーラジカル・活性酸素と反応することで抗酸化力を発揮することから，化粧品関連製品への利用が広まってきている[38)]．図 1.28 に今後使用が期待される製品を含めフラーレン (C_{60}) の用途を示す．これら用途の広がりに伴い，生産量の増加が見込まれている．

カーボンナノチューブは 1991 年に名城大学の飯島澄男教授により発見された，炭素でできた直径 0.4～50 nm の極細チューブで，単層または多層の同軸管構造をしている[39)]．図 1.29 に単層カーボンナノチューブの電子顕微鏡写真を示す．現在日本で開発量産化を進めているのが単層カーボンナノチューブである．生産量は 100　kg／年とまだ少ないが，複合材料での利用が先行している．材料としての取り扱いはナノ粒子と同じように，粉体の表面処理技術などが利用されている．単層カーボンナノチューブの特性として，比重が Al（ア

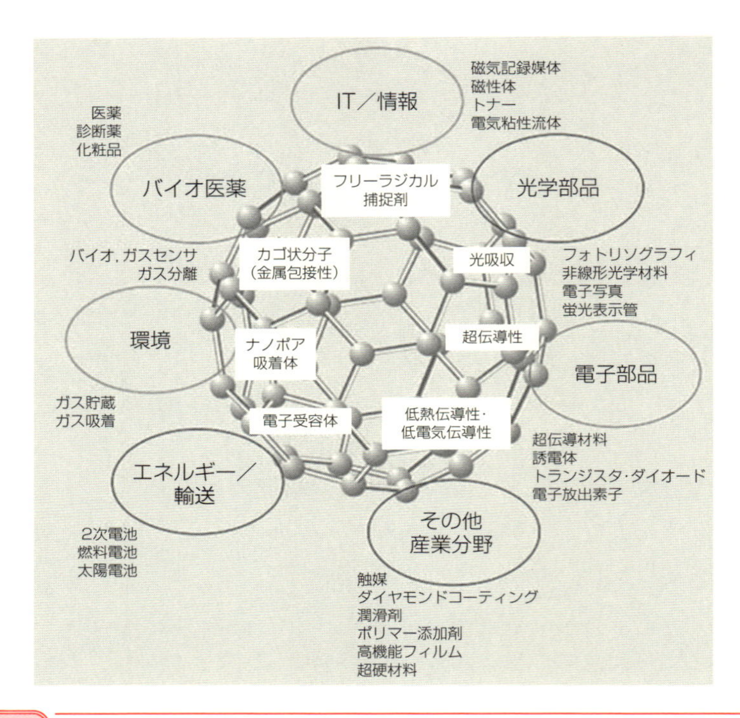

図 1.28　フラーレンの用途

出典：フロンティアカーボン株式会社ホームページ
（http：//www.f-carbon.com/special_app.html）

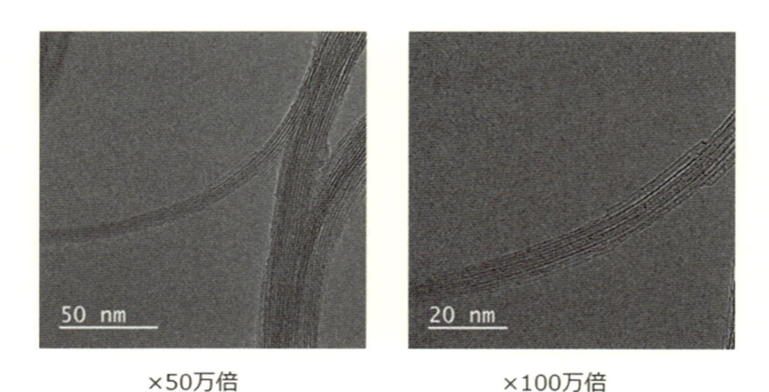

図 1.29　単層カーボンナノチューブの TEM 像

出典：産業技術総合研究所ホームページ
（http：//www.aist.go.jp/aist_j/press_release/pr 2013/pr 20131224/pr 20131224.html）

ルミニウム）の半分，強度が鋼鉄の20倍，電子移動度はシリコンの約10倍，流せる電流量はCu（銅）の1000倍と画期的な性能を有している．まだ用途は開発段階であるが，蓄電材料，キャパシタ，構造材などへの応用が盛んに進められ，今後の用途開発が待たれるナノマテリアルである[40)]．

このようにナノ粒子を利用した製品が数多く開発され，広く利用されるようになってきている．このため，それらの製品の開発段階だけでなく，工程管理や製造現場での品質管理などにおいて，ナノ粒子を含めた計測・分析に多くの分析・解析機器が用いられている．その中でも特にナノ粒子径の計測は大変重要なものになってきている．

参考文献

1）岸本充生，高井亨，若松弘子：産業技術総合研究所　安全科学研究部門評価書“ナノテクノロジーに対する認知・態度・行動についての定点観測：2005～2009年”ver 1.0（2010）
2）“ヒトに対する有害性が明らかでない化学物質に対する労働者ばく露の予防対策に関する検討会（ナノマテリアルについて）報告書”（2008）
3）JFEテクノリサーチ：“平成23年度ナノマテリアル安全対策調査事業報告書”（2012）
4）JFEテクノリーサーチ：“平成26年度化学物質安全対策（ナノ材料等に関する国内外の安全情報及び規制動向に関する調査）報告書”（2015）
5）荒川正史：粉砕，**27**，54（1983）
6）栗原一嘉ほか著，日本化学会編：『先端化学シリーズⅥ』283，丸善出版（2004）
7）黒川洋一，細谷洋介：表面，**34**，100（1996）
8）小林敏勝：表面科学，**26**，107（2005）
9）隅山兼治，保田英洋著，林真至編：『ナノ粒子–物性の基礎と応用』近代科学社（2013）
10）河本邦仁：化学総説，**48**，47（1985）
11）C. L. Cleveland *et al.*：*Phys. Rev. B*, **60**, 5065（1999）
12）和田伸彦：ケミカル・エンジニヤリング，**17**（1984）
13）A. Ito, T. Kobayashi：*Thermal Medicine*, **24**, 113（2008）
14）大野和久ほか：*J. Soc. Cosmet. Chem. Japan*, **27**, 314（1993）
15）吉住渉，川崎正太，北原清志：日本印刷学会誌，**52**，509（2015）

16）福井寛著，平尾一之監修：『ナノマテリアル工学大系第１巻-ニューセラミックス・ガラス』フジ・テクノシステム，800（2005）
17）竹内浩士，村澤貞夫，指宿堯嗣：『光触媒の世界―環境浄化の決め手』工業調査会編（1998）
18）藤嶋昭：工業材料，**47**，17（1999）
19）光触媒工業会：http://www.piaj.gr.jp/roller/
20）O'Regan, M. Grätzel : *Nature*, **353**, 737（1991）
21）G. Yu, J. Gao *et al.* : *Science*, **270**, 1789（1995）
22）渡辺政廣著，日本化学会編：『金属および半導体ナノ粒子の科学』117，化学同人（2012）
23）内田誠，柿沼克良，渡辺政廣：粉砕，**56**，3（2013）
24）S. D. Brown *et al.* : *J. Am. Chem. Soc.*, **132**, 4678（2010）
25）M. Venkataramasubramani, L. Tang : *25 th Southern Biomedical Engineering Conference 2009, IFMBE Proceedings*, **24**, 199（2009）
26）桑畑進：化学と生物，**43**，263（2005）
27）X. Gao *et al.* : *Nature Biotech.*, **22**, 969（2004）
28）S. Nishijima : *Phys., C*, **468**. 1116（2008）
29）T. Stuchinskaya *et al.* : *Photochem. Photobiol. Dci.*, **10**, 822（2011）
30）三浦則雄，酒井剛著，小泉光恵ほか編：『ナノマテリアルの技術』87，シーエムシー出版（2007）
31）K. Kneipp *et al.* : *Phys. Rev. E*, **57**, R 6281（1998）
32）T. Itoh, K.Hashimoto, Y. Ozaki : *Appl. Phys. Lett.*, **83**, 2274（2003）
33）長岡勉，椎木弘，床波志保：分析化学，**56**，201（2007）
34）春日正毅：触媒，**36**，310（1994）
35）春日正毅：化学工業，**49**，253（1998）
36）D. T. Thompson : *Nano Today*, **2**, 40（2007）
37）P. Buffat : *Phys. Rev. A*, **13**, 2287（1976）
38）S. Inui *et al.* : *J. Nanobiotechnology*, **12**, 6（2014）
39）S. Iijima : *Nature*, **56**, 354（1991）
40）A. Jorio, G. Dresselhaus : *Carbon Nanotube-Topics in Applied physics*, M. S. Dresselhaus（eds.）, Springer-Verlang（2008）

Chapter 2 ナノ粒子の計測原理

本章では，各種ナノ粒子計測法の原理と特徴を概説している．本章は6節で構成され，2.1 節では，「ナノテクノロジー」という言葉が生まれて久しい中「ナノ材料」の定義や計測法が確立されていない状況をナノ粒子概観としてまとめた．2.2 節では，日本市場における「ナノ粒子」計測装置の現状調査を踏まえた分類を行った．この分類に基づき，電子顕微鏡を利用する画像解析による個数カウンティング計測法を 2.3 節に，光やX線の回折や散乱を利用したアンサンブル平均計測法を 2.4 節に，質量や密度を利用するフラクショネーション計測法を 2.5 節に，これら3 分類に当てはまらないその他の計測法について 2.6 節に分類して，各節にて詳述している．

2.1 ナノ粒子概観

ナノテクノロジーは，ナノ粒子やナノ構造の製造方法，それらの機能・特性の利活用に関わる技術であり，多岐にわたる分野で研究され利用されている．対象とするナノ粒子のサイズは，カーボンナノチューブ（CNT）に代表されるように数ナノメートルから数百ナノメートルである．このようなナノテクノロジーにより生み出された，あるいは利用されるナノ粒子の状態は，気相・液相・固相（結晶やアモルファス状態）などとさまざまである．さらに，固体ナノ粒子が固相中に存在するもの，液体中に存在する「コロイド」，気相中に存在する「エアロゾル」，液体ナノ粒子が液体中に存在する「エマルジョン」，気体ナノ粒子（すなわちバブル）が液体中に存在する「ウルトラファインバブル」など多くの状態が存在する．また，ナノ粒子の生成方法（合成によるボトムアップ法，粉砕によるブレイクダウン法，その中間体の状態など）によって，粒子径・素材・色などが違うさまざまなナノ粒子ができる．

このような混沌とした状態の中で，計測法を使ってナノ粒子を計測するだけでは，断片的あるいは一面的な情報しか得られないことも多く，複数の計測法を使った補完的な，あるいは総合的な判断が必要になっている．また，ナノ材料利用者の中からは，「ナノ材料」の定義が定まっていないことに警鐘を鳴らす声も上がってきていた．そこで先陣を切った欧州委員会が，2011 年 10 月に「規制対象のナノ材料の公式定義」†を公布した．その内容は，「自然界に存在するか，工業的に作り出したか，分散状態であるか，凝集体状態であるかに関

† 同定義を直訳すると，「ナノ材料とは，結合状態または強凝集体（アグリゲート），または弱凝集体（アグロメレート）であり，個数濃度の粒子径分布のうち 50 %以上について，1 つ以上の外径が 1～100 nm 粒子径範囲である粒子を含む自然の，または偶然にできた，または製造された材料を意味する」となる．

わらず，全一次粒子の個数の50% 以上をナノ粒子が占めるものをナノ材料とする．ここでナノ粒子とは，外径のいずれか一辺の直径が1～100 nm である粒子とする」となっている．しかし，実際の現場で同定義に適合するかどうかを判断するには，凝集体内部の一次粒子の粒子径を計測する必要があり，実現困難な状況にあるともいえる．このような状況下で，欧州委員会は各種計測法の特徴と長所・短所を比較検討しレポートしているが，一つの計測方法に限定できない状態にある．本章では，市場における現状の計測システムの調査を踏まえて分類した計測方法を中心に，その概要を述べることにする．

2.2 計測装置の分類

ナノ粒子の粒子径分布を計測するために現在，異なる原理を使った各種の粒子径分布計測装置が市販されている．市場に供給されているナノ物質が「ナノ材料」であると判断するためには，各種の粒子径分布計測装置が，

(1) 1～100 nm のナノ粒子のサイズ計測が可能であること
(2) 一次粒子の計測が可能であること
(3) 個数計測が可能であること

の3定義のいずれかを満たす必要がある．図2.1は，この定義に基づき装置を分類した図である．この図によると，

①3定義すべてを満たす計測法としては，透過電子顕微鏡（TEM：transmission electron microscope），走査電子顕微鏡（SEM：scanning electron microscope），原子間力顕微鏡（AFM：atomic force microscope）がある．

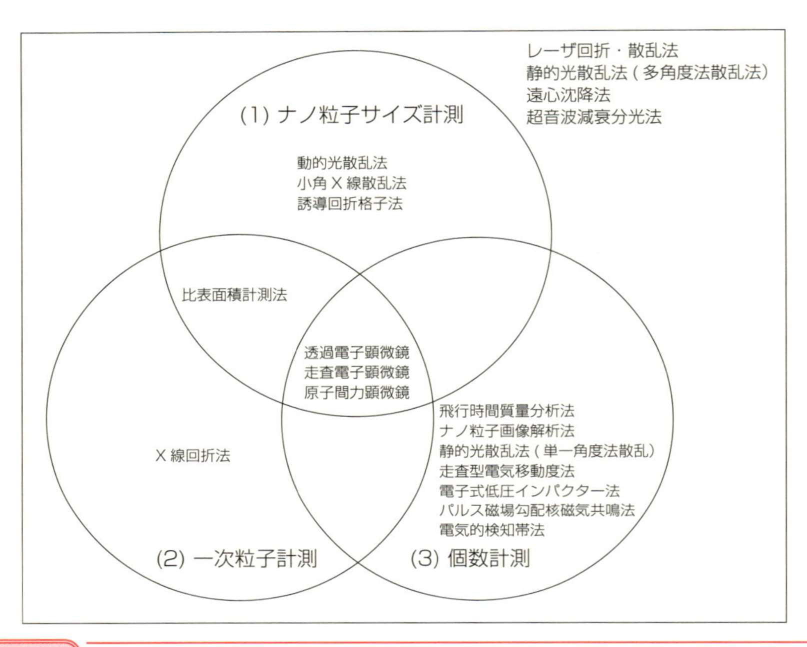

図 2.1　ナノ材料計測システムの調査結果

②定義（1）だけを満たす計測法としては，動的光散乱法（DLS：dynamic light scattering），小角X線散乱法（SAXS：small angle X-ray scattering），誘導回折格子法（IG：induced grating）がある．

③定義（2）だけを満たす計測法としては，X線回折法（XRD：X-ray diffraction）がある．

④定義（1）（2）の両方を満たす計測法として，比表面積計測法（SSA：specific surface area）がある．

⑤定義（3）だけを満たす計測法として，飛行時間質量分析法（TOF-MS：time of flight mass spectroscopy），ナノ粒子画像解析法（NTA：nanoparticle tracking analysis），静的光散乱法（単一角度光散乱，SLS：static light scattering），走査型電気移動度法（SMA：scanning mobility analyzer），電子式低圧インパクター法（ELPI：electrical low pressure impactor），パルス磁場勾配核磁気共鳴法（PFG-NMR：pulsed-field gradient spin-echo nuclear magnetic resonance），電気的検知帯法（ES-

ZM：electrical sensing zone method）がある．

⑥定義のどれにも合致しないが，市場にて使われている計測法として，レーザ回折・散乱法（LD：laser diffraction），静的光散乱法（多角度光散乱，MALS），遠心沈降法（DCP：disc centrifuge photosedimentometry），超音波減衰分光法（UAS：ultrasonic attenuation spectroscopy）などが挙げられる．

3定義を満足する計測法は顕微鏡法（画像解析を利用する計測法）だけである．顕微鏡法は直接観察であるため，観察結果から得られる情報は非常に多いが，観察するための試料の作製に時間が費やされるという問題がある．また，観察結果から有効な知見が得られるかどうかは試料の作製方法にも大きく依存している．たとえば，試料の前処理に乾燥工程などがあると，液相中で分散していたのかあるいは乾燥中に凝集したのかなどの情報を観察結果から得ることは困難である．一方，散乱を応用した計測法を使用すると，顕微鏡観察法と比較してはるかに速く，簡単に粒子径分布を計測することができる．また，ナノ粒子が凝集しているかどうかの情報も得ることができる．そこで，本章では各種計測法の原理と特徴を概説し第7章では，

①画像解析を利用する計測法（カウンティング法）
②回折・散乱を利用する計測法（アンサンブル法）
③質量・密度を計測する計測法（フラクショネーション法）

について，計測法の注意点，試料の調整方法や計測例を詳しく解説する．

2.3 画像解析を利用する計測法

電子顕微鏡による画像解析法は，自分の目でナノ粒子の像を観察するため，「百聞は一見に如かず」ということわざのとおり，粒子の本質を理解しやすい計測技術である．また，近年の目覚ましいデジタル技術の発展に伴って画像処理の技術が発達し，データ蓄積量が飛躍的に増えることで統計的な偏りを補うことが可能なレベルに到達してきている．しかし，画像解析法では試料観察時に注意すべき点も多い．たとえば，観測視野中のどの部分を解析するか，それで統計的に信頼できる粒子数を確保することができるか，立体構造をもつ粒子の形状因子を二次元像からどのように取り扱うか，粒子が重なっている場合に凝集体として取り扱うか，分散状態とするのか，小さな粒子が大きな粒子に隠されていないか，有機物などのベースになる膜に粒子が埋没していないか，などが注意点として挙げられる．

本節では，画像解析を利用する計測法について概説する．はじめに，電子顕微鏡として透過電子顕微鏡（TEM），走査電子顕微鏡（SEM）の二種類の電子顕微鏡を取り上げ，次いで走査プローブ顕微鏡の一種である原子間力顕微鏡（AFM）とナノ粒子画像解析法（NTA）について概説する．

2.3.1 透過電子顕微鏡（TEM）

透過電子顕微鏡は，試料に電子線を照射し，試料を透過した電子を結像して観察する電子顕微鏡である．観察原理は図 2.2 に示すように，電子銃から電子が放出され，加速した電子が集束レンズで試料に照射される．電子線が試料を通過する時，試料の結晶構造や構成成分の違いにより回折や散乱が起こり，電子線密度の空間分布が変化（コントラストが発生する）ことを利用して観察す

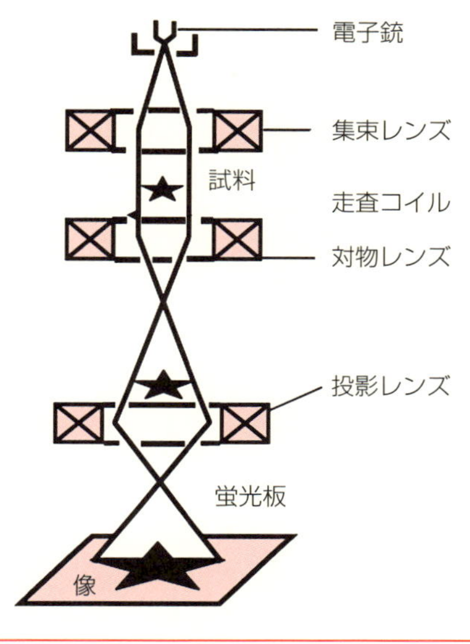

図 2.2　**透過電子顕微鏡（TEM）の原理図**

出典：日立ハイテクノロジーズの資料を参考に作成

る．この電子線は波長が約 0.002 nm になる（200 kV の加速電圧の場合．加速電圧を上げるとさらに短くなる）ため，光学顕微鏡よりもはるかに高い分解能での観察を可能にする．

試料を透過してきた電子線は投影レンズ（中間レンズ）とよばれる電磁石レンズで蛍光板に拡大投影し，試料像を観測する．最近では，蛍光板タイプのものから CCD カメラで像を得る方式に代わってきている．試料の調整方法としては，対象物をできるだけ薄く切る必要がある．これは，試料からの多重の散乱といった作用の発生を軽減させるためである．観察した微少領域の構造解析を行うときには，視野を制限する絞りを入れて特定の回折パターンを取得し解析する．一方，試料から発生する特性 X 線を分析することで，構成元素を知ることも可能となる．透過電子顕微鏡の主な用途は，セラミックス，半導体，金属などの無機材料の観察が主であるが，冷却機構を備えることで生体材料，微生物，細胞などの観察にも用いられている．

2.3.2
走査電子顕微鏡（SEM）

走査電子顕微鏡の主な用途は，無機物，有機物，生体材料の表面観察である．絶縁物を観察するにはカーボン（C）やAuなどを蒸着して導通を取る必要があるが，最近では，低真空SEMを使った絶縁物の非蒸着観察が可能となってきている．走査電子顕微鏡の原理を，図2.3に示す．レンズで細く絞った電子線を，走査コイルを用いて試料表面を走査する．その時，電子線照射に応じて試料から出てくる電子やX線を画像信号として利用することで試料表面の像を表示する．光学顕微鏡と比較すると，試料面に傾きなどがあってもピンボケが起こりにくく（これを焦点深度が深いという），広い範囲の立体像が得られることも特徴の一つである．

電子線照射に伴って試料から出てくるものには，二次電子，反射電子や特性X線などがある．二次電子は試料内での電子の散乱により試料の表面近くから発生する電子である．これを検出して得られた像が二次電子像であり，試料の凹凸の観察が可能である．これに対して，試料を構成している原子に当たって跳ね返された電子は反射電子とよばれる．反射電子を信号源とする反射電子像

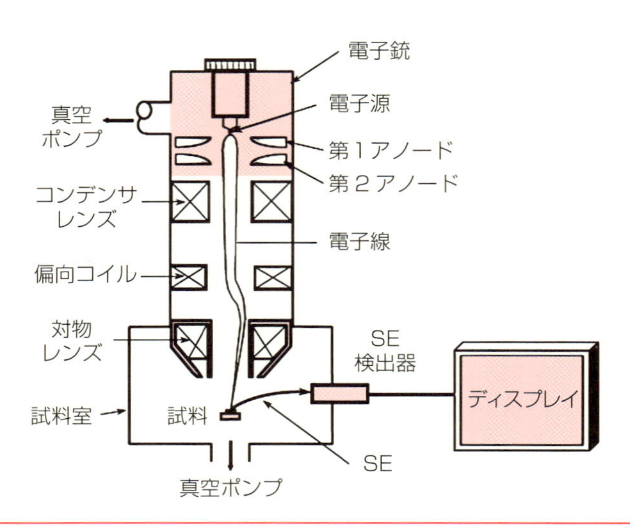

図2.3 走査電子顕微鏡（SEM）の原理図

出典：日立ハイテクノロジーズの資料を参考に作成

は，試料の組成分布を反映した像となる．特性 X 線は電子線照射によって励起された原子からの X 線で，原子固有のエネルギーをもつ．このため，走査電子顕微鏡に X 線検出器を装着すれば元素分析を行うことも可能となる．

2.3.3 原子間力顕微鏡（AFM）

原子間力顕微鏡は，電子顕微鏡とは異なり，撮像部にはビームやレンズを使用しない．また，真空環境を必ずしも必要としないため，大気中や溶液中でも使用できる．その原理図を図 2.4 に示す．

微小な探針先端を試料表面に近づけ，試料–探針間に働く原子間力によるカンチレバーの反りや振動の変化を検出しながら試料台を走査することで，試料表面の拡大像や物性の情報を得ることができる．走査プローブ顕微鏡（SPM：scanning probe microscopy）は，AFM など探針を使う顕微鏡の総称である．SPM は，表面観察だけではなく，試料表面の電位や硬さや粘弾性などの物性を画像化することができるようになってきており，ナノテクノロジー研究に必

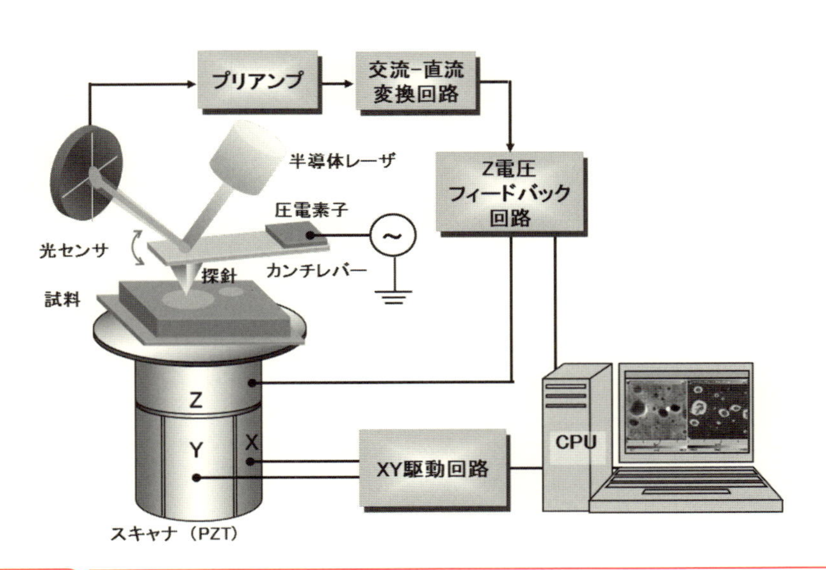

図 2.4 原子間力顕微鏡（AFM）の原理図

出典：日立ハイテクノロジーズの資料を参考に作成

要な顕微鏡装置として一層の応用の拡がりが期待されている．主な用途としては，金属，半導体，セラミックス，ガラスなどの工業材料の表面観察，粗さの精密計測などである．

2.3.4 ナノ粒子画像解析法（NTA）

ナノ粒子画像解析法は，光学顕微鏡にてナノサイズのコロイド粒子を観測する方法である．その原理図を，図 2.5 に示す．ナノ粒子を光学顕微鏡で直接観測することは不可能である（分解能が足りないため）．しかし光学顕微鏡で試料の側方からレーザ光を照射すると，ナノ粒子が散乱点となった散乱光を見ることができる．この照射方法で．ブラウン運動（Brownian motion）により泳動している粒子の二次元画像動画データを取得し，個別の粒子を追跡し，それぞれの粒子の平均移動距離（$\overline{x,y}$）から，式（2.1）を使って拡散係数 D を求め，ストークス・アインシュタイン（Stokes-Einstein）の式（2.2）を使ってナノ粒子径（流体力学径）を算出する方法が近年考案されている．ここで，拡散係数 Dt，粒子径 x，粘度 η，ボルツマン（Boltzmann）定数 k，絶対温度 T である．

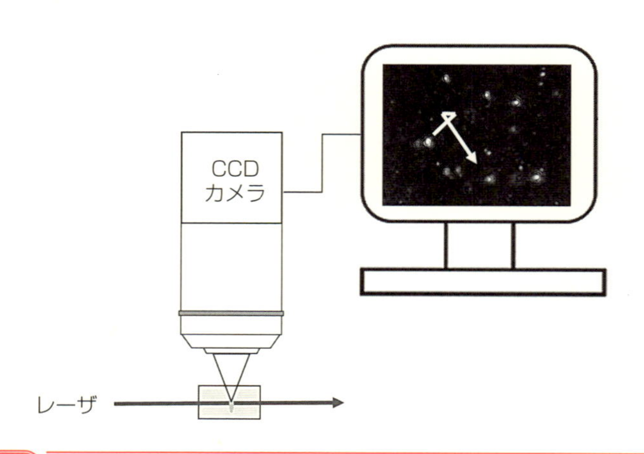

図 2.5 ナノ粒子画像解析法（NTA）の原理図

出典：ISO 19430：2016 を参考に作成

$$\frac{(\overline{x,y})^2}{4} = Dt \tag{2.1}$$

$$Dt = kT/3\pi\eta\, x \tag{2.2}$$

画像データを使うことから，画面中の個数（すなわち焦点深度内の粒子個数）を求め，単位試料容量中の粒子個数を換算することが可能である．光散乱を利用した装置は粒子個数が算出できないが，NTA は唯一算出可能な装置である．

2.4 回折・散乱を利用する計測法

回折や散乱を利用する装置を大別すると，光を利用する装置と X 線を利用する装置になる．光散乱や回折を用いた計測方法は，近年，レーザ光源が低価格で得られるようになったことで，広範囲に用いられるようになってきている．He（ヘリウム)–Ne（ネオン）レーザや半導体レーザを光源として使うことが多いので，600～800 nm 付近の波長（可視光）域を使うことになる．可視光は X 線に比べると数桁波長が長い電磁波であり，粒子サイズと光波長との関係で，散乱（回折）の角度分布が変わってくる．光の波長に対して粒子サイズが十分に大きい場合には，散乱光強度は粒子の前方（光の進行方向）で強くなる．これに対して粒子が小さくなって光の波長と同程度になると，次第に粒子の後方に光波が回り込み，散乱光強度分布が変わってくる．

光散乱や回折を使った分析法は，静的な方法と動的な方法の 2 つのカテゴリに大別できる．静的な方法（レーザ回折・散乱法，静的光散乱法）では，光の波長に対して粒子サイズが十分に大きい場合にフラウンホーファー（Fraunhofer）回折理論を適用し，粒子が小さくなって光の波長と同程度になるとミー散乱理論を適用して粒子径を求めるのが一般的である．光波長に対して粒子がさらに小さくなると，光が波として粒子を完全に包んでしまうため，散乱角による強度の変化がないレイリー散乱領域になる．この領域で，粒子間距離によって，個々の粒子からの散乱光同士の干渉による（強めあったり弱めあったりする）光ゆらぎを観測して粒子径を求める方法が動的光散乱法である．

X 線は物質を透過する能力が高い電磁波であり，無機・有機物質の粉末や薄膜，高分子材料，タンパク質，金属部品，半導体，エピタキシャル膜，コロイド粒子など，研究対象である新規物質から身の回りにある材料まで，ほとんどの物質を分析できる．物質を構成する原子や分子が規則正しい配列（結晶構造）を成している時，照射されたX 線は，結晶構造に起因して特異的な方向に回折し，この回折パターンから物質の原子・分子の構造を解析することが可能となる．また，X 線は物質中の電子密度分布の不均一性や界面により散乱を生じるため，空間に孤立したX 線波長と同程度の大きさの粒子によっても散乱が生じる．X 線の回折や散乱現象を利用する計測法として，X 線回折法（XRD）と小角 X 線散乱法（SAXS）があり，これら計測法は，物質の構造や物性を調べる手段として広く利用されている．

2.4.1 動的光散乱法（DLS）

動的光散乱法は，液体中に浮遊分散しているナノ粒子に対して適用できる方法で，ブラウン運動して動くナノ粒子の拡散速度を計測することで粒子径を算出する方法である．その原理図を図 2.6 に示す．

ブラウン運動とは，溶液中に存在する粒子が分散媒の分子，たとえば水中の水分子の運動により押し出されるランダム運動のことである．ある一定温度下で，粒子がブラウン運動している系にレーザ光を入射させると，粒子の電子密度のゆらぎが生じエネルギー緩和の過程で散乱光が発生する．この時，散乱体積中に存在するすべての粒子から散乱光が放出されることになるが，不規則な粒子の動きに起因した散乱光ゆらぎが発生する．つまり，検出する散乱光強度の変化は，粒子の位置の変化に起因しており，時間的に変動する位相を含んで

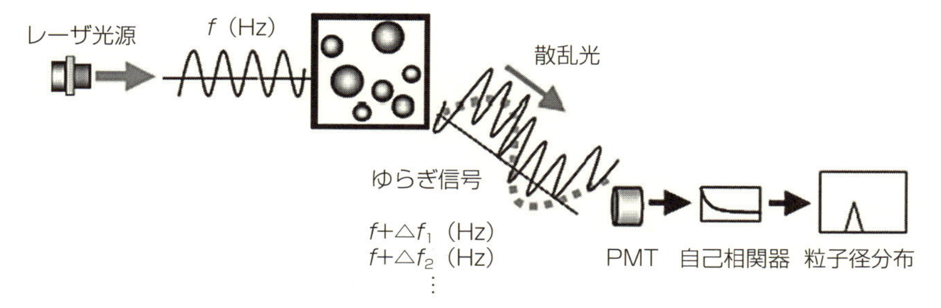

図 2.6　動的光散乱法（DLS）の原理図

出典：堀場製作所の資料を参考に作成

いる．これを連続的に観測すると，遅れ（ドップラーシフト）時間，または遅れ（ドップラーシフト）周波数が求まる．これを解析する理論が動的光散乱理論である．現在，市販されている装置の計測粒子径範囲は 1 nm 程度から数マイクロメートル程度，質量濃度で 1 L あたり数ミリグラムから数十グラムと広い濃度範囲に対応できるようになっている．

2.4.2 静的光散乱法（SLS）

静的光散乱法の原理図を図 2.7 に示す．溶液全体からの散乱光強度は，粒子と溶媒からの散乱光強度の和として与えられるので，粒子成分から散乱された光に対するレイリー比は，溶液と溶媒のレイリー比の差 $\varDelta R\theta$ によって与えられる．これにより式 (2.3) が成立する．

$$\lim_{\theta,\, c \to 0} \frac{\varDelta R\theta}{c} = KM \tag{2.3}$$

ここで c は粒子の質量濃度，M は分子量，K は光学定数とよばれる比例係数で，

$$K \equiv \left(\frac{4\,\pi^2 n^2}{N_A \lambda^4}\right)\left(\frac{dn}{dc}\right) \tag{2.4}$$

ここで，N_A はアボガドロ（Avogadro）数，dn/dc は溶液の濃度増加分に対する屈折率変化量で示差屈折率といわれるもので，示差屈折率計にて実測する．

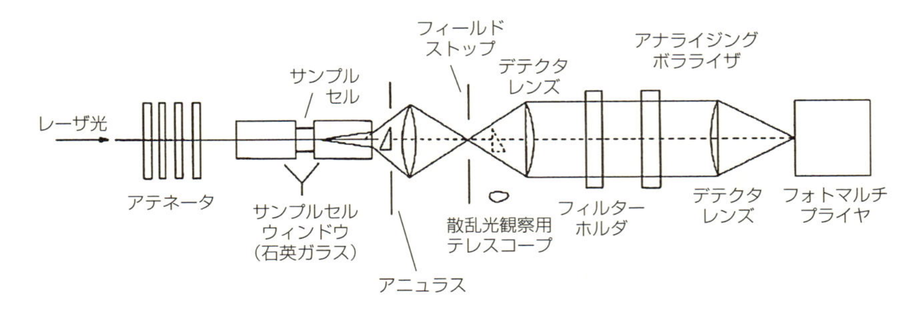

図 2.7　静的光散乱法（SLS）の原理図

出典：日本分析機器工業会 編：『分析機器の手引き（第 23 版）』（2016）

また，K も実験的に決定し，式 (2.3) から分子量を求める．液中での分子構造がわかっているものであれば，粒子径を推定することができる．

2.4.3 レーザ回折・散乱法（LD）

レーザ回折・散乱法は，計測範囲の広さ，操作の簡便さや再現性の良さなどの特徴から最も広く使用されている粒子径分布計測法の一つである．溶液分散させる湿式計測のほか，乾燥粉体粒子をそのまま乾式計測することも可能である．レーザ回折・散乱法による計測装置の原理を図 2.8 に示す．多くの装置は，検出部と試料導入部から構成される．検出部は，小角の散乱光を取得するリング状前方ディテクタを有する光学系と広角の散乱光を取得する光学系から成る．実際の光源，検出器を含む光学系では，光学レンズを利用したフーリエ光学系や逆フーリエ光学系が採用されている．光軸がずれると散乱角度がずれるので，計測装置における光軸制御は非常に重要である．また，小径側の計測感度を向上するために，より短波長の光源と組み合わせた装置もある．

粒子に照射している光の波長に対して粒子径が十分に大きい場合は，粒子の位置から見て光源とは逆の方向（前方）への散乱光強度が相対的に強いが，粒子が小さくなるに従い，前方だけでなく，側方や後方を含む広い範囲へ散乱するようになる．粒子径が入射光の波長より十分に小さい場合は，ある角度での散乱光強度は粒子径の 6 乗に比例し，入射波長の 4 乗に反比例する（レイリー

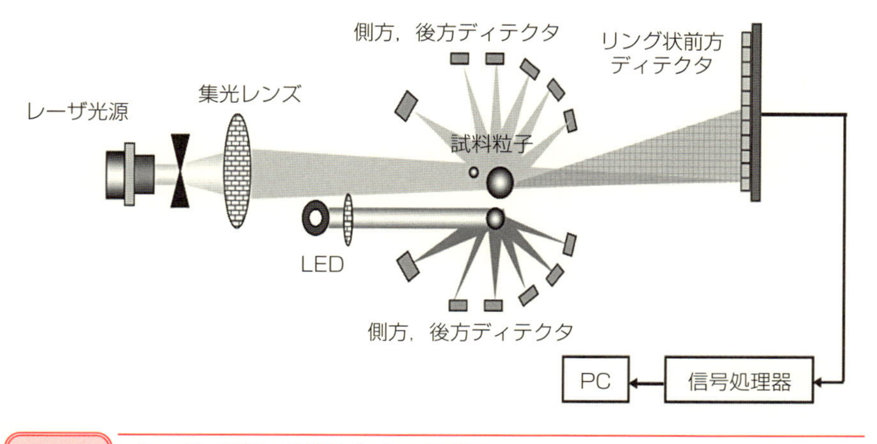

図 2.8　レーザー回折・散乱法（LD）の原理図

出典：堀場製作所の資料を参考に作成

散乱）．すなわち，入射光の波長を変えると強度が変化する．粒子径が波長の1/10程度になると，粒子径が変化しても散乱光強度パターンの変化は非常に小さく，散乱光強度パターンからの粒子径の識別は困難で，原理上の計測下限となる．

単色光源の波長，検出器の配置角度，粒子，および周囲媒質の屈折率が既知であれば，ミー散乱理論によって各粒子径の散乱光強度パターンが計算できる．この時，粒子の形状は散乱光強度パターンに影響を及ぼすが，形状を正確に定義することは困難であることや，球形以外の場合の計算が複雑であることから，粒子を真球と仮定して理論計算する．レーザ回折・散乱法は，この計算上の散乱光強度パターンと，実測された散乱光強度パターンとの対比により最適化を行い，粒子径分布を決定する方法である．

この検出器から得られる観測値群から元の物理量の分布を推定する方法は，逆問題とよばれている．得られた粒子群の散乱光強度パターンから逆演算手法を用いて粒子径分布を求める．角度分布のある散乱光強度パターン $g(x)$ と粒子径分布 $f(y)$ との関係は，式 (2.5) で表すことができる．

$$g(x) = \int K(x,y) f(y)\, dy \tag{2.5}$$

ここで，x は検出器ごとの散乱光強度，y は粒子径で，$K(x,y)$ は核関数とよばれる粒子の散乱光強度パターンと粒子径との理論関数である．ミー散乱理論では，核関数は散乱光波長と屈折率の関数でもある．実際の試料は，単一粒子ではなく，大きさ，形状の異なる粒子の集合体であり，そこから生じる散乱光強度パターンは，それぞれの粒子からの散乱光の重ね合わせとなっている．各検出器の粒子径に対する感度（核関数）は，ミー散乱理論から求まるので，n 個の検出器で検出するとき，式 (2.5) は次式で表される．

$$g(x) = \Sigma_{i=1}^{n} K(x, y_i) f(y_i) \Delta y \tag{2.6}$$

ここで，$g(x)$ は検出器出力，$K(x,y_i)$ は核関数，y_i は i 番目の代表粒子径，$f(y_i)$ は粒子径分布，Δy は粒子径間隔である．粒子径分布 $f(y_i)$ を，逆問題として解く代表的な方法に，線形行列方程式や最小自乗法，反復法などがある．式 (2.6) では一般に，核関数と粒子径分布に線形性がないため，解が一意に決まらず，さらに観測データには誤差が含まれているため，演算条件によって解が不安定になりやすい．しかし，計測条件を固定することで，短時間で再現性の良い粒子径分布の計測が可能となり，広く工業材料の品質検査用の装置として使われている．

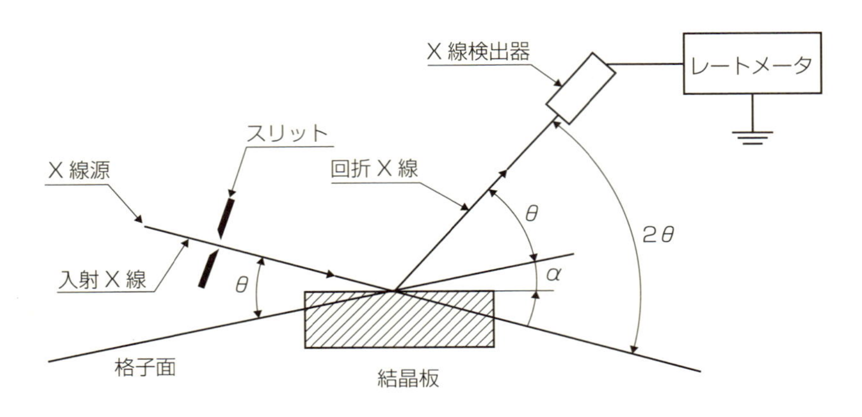

図 2.9　**X 線回折法（XRD）の原理図**

出典：リガクの資料を参考に作成

2.4.4 X線回折法（XRD）

原子が空間に規則的に並んだ結晶に原子の間隔と同程度の波長（0.5～3.0Å）のX線が入射する時，各原子がもつ電子によりX線が散乱される．図2.9にX線回折法の原理図を示す．θはブラッグ（Bragg）角，2θは回折角（入射X線方向と回折X線方向とのなす角度）である．この光路差が入射X線の波長（λ）の整数（n）倍のとき，山と山が重なり強め合う．すなわち，ブラッグの回折条件$2d\sin\theta=n\lambda$を満たす方向でのみ回折したX線が観測される．dは格子面間隔を表す．これがX線の回折現象である．X線回折法の代表的なものとして，粉末状の結晶，あるいは，微細な結晶粒子が稠密（ちゅうみつ）に集まってできている多結晶体を試料として取り扱う粉末X線回折法，単結晶の各結晶格子面からのX線回折パターンを解析し，低分子からタンパク質などの生体高分子に至る化合物分子の立体構造を決定する単結晶X線回折法，シリコンウエハーなどの単結晶内部の転位，積層欠陥，不純物の析出・偏析などを直接観察するX線回折顕微法（トポグラフィー法）などがある．

また，X線回折現象を利用した粒子径解析法として結晶子サイズ評価法が認知されつつある．回折に寄与する格子面数と回折ピーク幅の関係から粒子径に相当する量を得る方法であり，一次粒子径の評価への応用として期待されている．

2.4.5 小角X線散乱法（SAXS）

小角X線散乱法は，ナノスケールの構造情報を探ることができる強力なツールであり，近年ナノ粒子の計測方法としても注目されつつある．小角X線散乱法は直射光の周りの5度以下の回折角に現れる物質内の数原子，あるいはそれ以上の距離と広範囲にわたる電子密度の空間的変調，および電子密度差に起因する散漫散乱を計測するものである．また，ナノ粒子（溶質）と溶媒の正負の電子密度差に関わらず，電子密度差の2乗に比例する散乱光強度を得ることができる．この方法は，X線波長と同程度の数ナノメートルから数百ナノメートル以下の粒子サイズをカバーする方法である．さらに，溶媒は液体だけでは

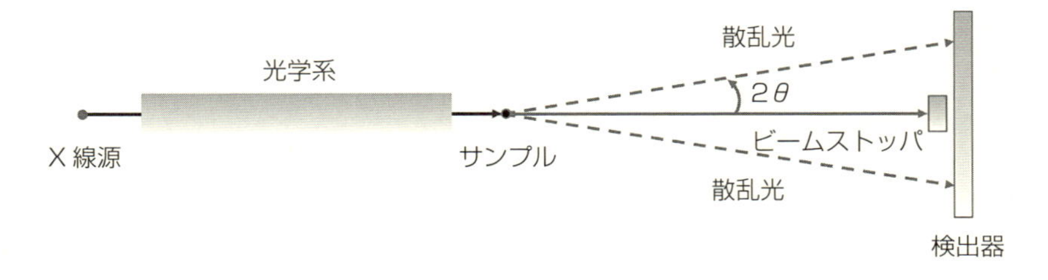

図 2. 10 小角 X 線散乱法（SAXS）の原理図

出典：リガクの資料を参考に作成

なく，固体や空気・ガス媒質中でも有効であり，粉体や高分子媒質中に埋め込まれたナノ粒子の粒子径解析にも有効である．

小角 X 線散乱法では，微弱な散乱を直進する直射光と分離し計測する技術が重要であり，そのための特殊な機器配置・光学系設計が必要である．図 2.10 に小角 X 線散乱計測法の原理図を示す．X 線発生源により発生した X 線は，単色化や集光，寄生散乱を行う光学系を通り，試料に照射される．照射された X 線は，試料を通り抜けた直射光と試料からの散乱となるが，散乱角 2θ ～0 度近傍ではこれらを分離することができない．直射光を止めるためのビームストッパが置かれ，検出器に試料からの散乱以外の余計な X 線が入らないように，試料からの検出器までを真空下に置く場合もある（ここで，散乱角 2θ とは，入射 X 線の進行方向を 0 度として，そこからの角度を指す）．小角 X 線散乱法を利用した粒子径解析は，2015 年に ISO にて国際規格となり，国際標準化への第一歩を踏み出した状況である[1)]．透過力の高い X 線による粒子径解析はさまざまな応用が考えられる．

2.4.6 誘導回折格子法（IG）

誘導回折格子法は，溶媒液中に一様に分散しているナノ粒子を誘電泳動力により周期的パターン形状に集積させ，その周期的パターンにより得られる回折光強度の時間変化を用いて粒子径を計測する方法である．具体的には，ガラスなどの基板上に形成した櫛状電極に交流電位を印加し，電極周辺に不均一な電

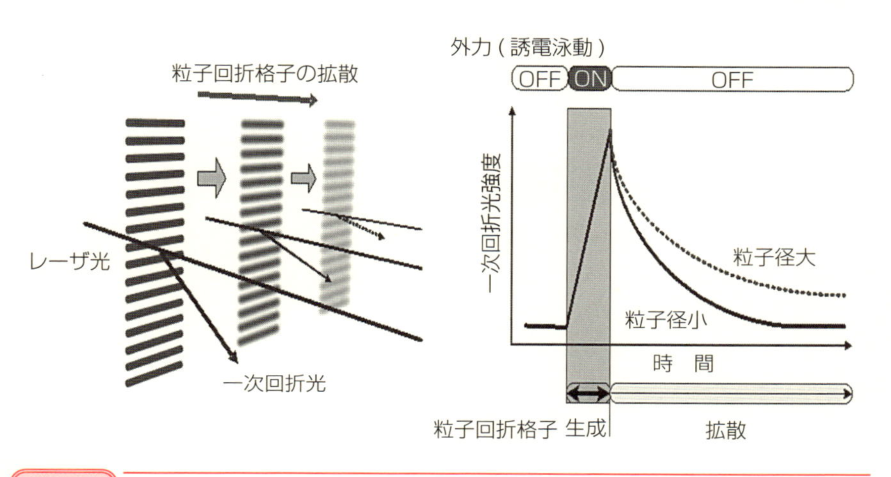

図 2.11　誘導回折格子法（IG）の原理図

出典：島津製作所の資料を参考に作成

場を形成する．この不均一電場による誘電泳動力により，櫛状電極付近に周期的にナノ粒子の高濃度部位が発生し，粒子回折格子をつくる．図 2.11 に示すように粒子回折格子にレーザ光を照射し，その一次回折光強度の時間的変化を検出する．電極への印加電圧を切るとナノ粒子は拡散を始めることになる．一次回折光強度の変化を観察すると，大きな粒子でつくられた粒子回折格子はゆっくり拡散し，小さな粒子でつくられた粒子回折格子は急速に拡散することがわかる．ストークス・アインシュタインの式（式 2.2 参照）に基づいて，一次回折光強度の時間的変化を解析すれば，粒子回折格子を構成していたナノ粒子の粒子径を求めることができる．この方法は，散乱光を使用しないため，散乱光強度の弱い 10 nm 以下のシングルナノ粒子などを高感度に検出できる．

顕微鏡法は，直接観測できるので直観とよく一致するメリットはあるものの，試料準備やデータ解析に時間がかかるというデメリットがあるね．
これに対して，散乱法は短時間に顕微鏡法よりもはるかに多い粒子数を計測するけど，全体の平均的な大きさしかわからないデメリットがあるんだね．

2.5 質量・密度を利用する計測法

画像解析法および光散乱・回折法が，サイズや形状といった幾何量を計測する方法であるのに対し，質量分析法（MS：mass spectrometry）は，体積化学組成や分子量などの化学情報に基づいて粒子を同定し粒子径を求める方法である．計測対象粒子に対する選択性が高く，定量性も優れているといった特徴を有していることから，混合材料，最終製品や環境試料といった夾雑物が多い中での粒子のサイズ評価，存在量評価，および組成評価など，ほかの計測方法では評価が難しい試料の分析法としての応用が盛んに検討されている．

質量分析計は，イオン化した原子あるいは分子の「場（領域）」における運動差を利用して質量電荷比（m/z）ごとに分別，あるいは収束させ，m/z に対する量として計測する方法である．イオンを分別・収束させる「場（領域）」としては，電場，磁場およびフィールドフリー領域（電場，磁場ともにない領域）があり，用いる「場（領域）」によって四重極型質量分析計（QMS：quadrupole mass spectrometer）），二重収束型質量分析計（SFMS：sector field mass spectrometer），飛行時間質量分析計（TOF-MS），およびタンデム質量分析計（MS/MS）などの複合分析計がある．イオン化にはエレクトロスプレーイオン化法（ESI：electrospray ionization）やマトリクス支援レーザ脱離イオン化法（MALDI：matrix-assisted laser desorption ionization）などが使われる．

本節では，遠心沈降法（DCP），走査型電気移動度法（SMA），超音波減衰分光法（UAS），パルス磁場勾配核磁気共鳴法（PFG-NMR），電子式低圧インパクター法（ELPI），飛行時間質量分析法（TOF-MS）について概説する．

2.5.1 遠心沈降法（DCP）

液体中を沈降する粒子の速度は粒子の大きさに依存する．すなわち，大きい粒子ほど速く沈降するので，懸濁液の粒子濃度は粒子径分布に依存して，時間的に変化する．したがって，ある時間における粒子濃度の経時変化を観測すれば，粒子径分布の情報が得られる．ただし粒子径が小さくなると重力だけでは粒子沈降速度が極めて小さくなるので，計測に長時間を要するとともに，沈降速度が粒子のブラウン運動速度と同程度となり，正確な計測ができなくなる．そこで，粒子懸濁液を高速で回転させて，粒子を遠心沈降させて計測時間の迅速化を図るとともに，計測下限を拡張するのが遠心沈降法である．

遠心沈降光透過法による粒子径分布の原理は，均一に粒子を分散させた分散媒（懸濁液）の上面（沈降面）から一定深さHの位置（計測面）の透過光量変化を計測する．計測面の粒子濃度は透過光量から吸光度として計測する．吸光度と粒子濃度は比例し，i 番目の粒子径 D_i の沈降時の吸光度 A_i と透過光量 I_i および粒子の量との関係は式 (2.7) にて表される．

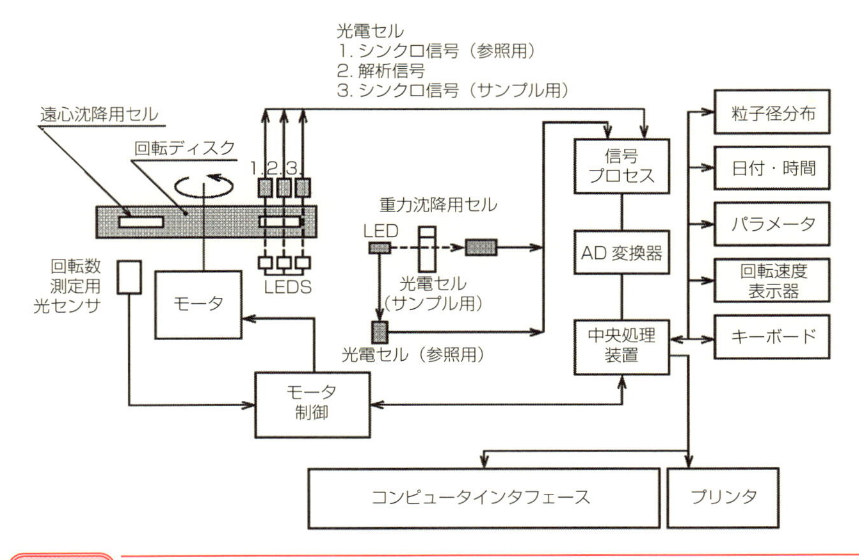

図 2.12　**遠心沈降法（DCP）の原理図**

出典：堀場製作所技術情報誌　Readout, **4**（1994）

$$A_i = \log\left(\frac{I_0}{I_i}\right) = K\Sigma_{i=1}^{n} k_i N_i D_i^{\ 2} \tag{2.7}$$

ここで，I_0 は入射光量，K は装置定数，k_i は粒子径 D_i の吸光係数，N_i は粒子の個数である．吸光度 A_i は光軸上の粒子群の総断面積に比例することがわかる．実際に計測する場合，図 2.12 のように粒子径の異なる粒子の濃度変化の合成で示されることとなる．

2.5.2 走査型電気移動度法（SMA）

電気移動度法は，静電場内での荷電粒子の運動が，粒子の帯電量に依存することを利用した計測法であり，微粒子計測に適した方法である．図 2.13 に原理図を示す．微粒子に荷電装置にて電荷を与える．同装置では内外両円筒に囲まれた空間をシースフローが流れており，帯電した粒子は上方より外筒壁沿いに流れるが，帯電量に応じて内筒下方に設けられたスリットに流れ込む．このスリットは電極の機能を兼ね備えており，電圧が印加されている．また，この印加電圧は走査され，帯電圧と印加電圧が一致する粒子がスリットを通過する．この時の通過粒子をカウントすることで粒子径分布が得られる．二重円筒構造の装置は，粒子径ごとの頻度が計測できるので微分型移動度分析器（DMA：differential mobility analyzer）とよばれている．粒子の荷電率が粒子径に依存する点が，計測精度の信頼性に関わるために注意が必要であるが，気相中の計測法の中では分解能が高い方法である．

2.5.3 超音波減衰分光法（UAS）

微粒子が懸濁している溶液に超音波を照射すると，粒子を構成する物質に依存して，主に以下の 3 つの音波の強度減衰が生じることが知られている．

①溶媒と粒子間の密度差があると音波照射により粒子が振動し粒子の周りの液層とすべり運動が起こり，この摩擦によってエネルギーが損失する．

②音波をポリマー粒子やエマルジョンに照射すると，粒子は断熱圧縮・膨張

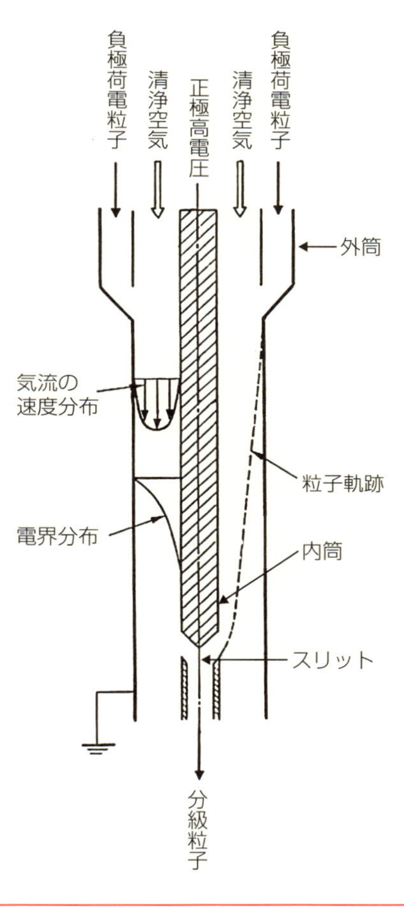

図 2.13　走査型電気移動度法（SMA）の原理図

出典：粉体工学会 編：『粒子径計測技術』日刊工業新聞社（1994）

を繰り返し，粒子と溶媒間で熱移動が起こりエネルギーが損失する．

③ 3 μm 以上の粒子が溶媒中に懸濁しているとき，音波照射のエネルギーが，粒子で散乱して受信子に到達しなくなる．

超音波減衰分光法（UAS）の原理図を図 2.14 に示す．チャンバー内の試料に 1～100 MHz の超音波を片方の発振子から照射し，反対側の受振子で超音波が試料を通過する間に減衰した割合を，発振子と受振子間の距離 L を随時

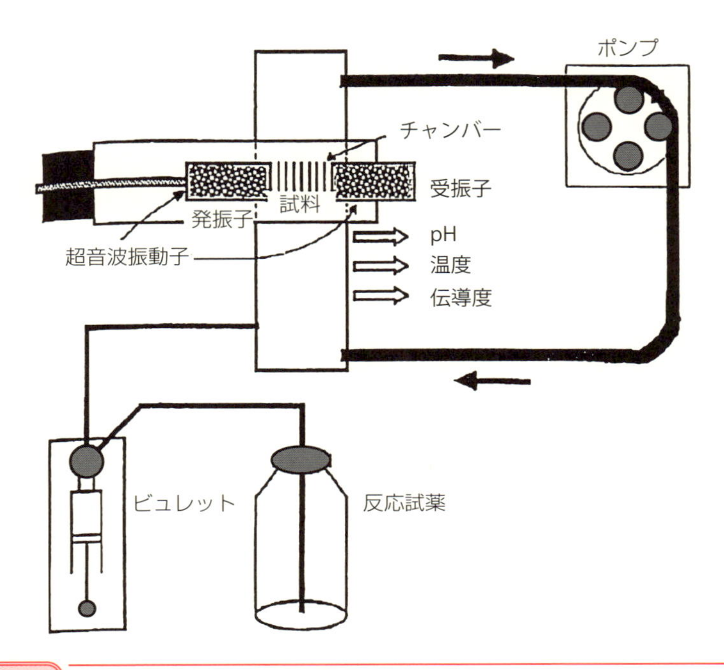

図 2.14　**超音波減衰分光法（UAS）の原理図**

出典：柳田博明　監修：『微粒子工学大系　第１巻（基礎技術）』フジ・テクノシステム（2001）

変化させながら計測し，単位長さ当たりの減衰率 α を算出する．

$$\alpha = \frac{20 \log_{10} \frac{I_{\mathrm{ini}}}{I_{\mathrm{end}}}}{L} \tag{2.8}$$

I_{ini} は超音波照射時のエネルギー強度，I_{end} は超音波受信時のエネルギー強度である．超音波の周波数を変化させると，計測されたそれぞれの周波数 f に対する減衰率 $\alpha(f)$ は粒子径分布を反映し，式 (2.9) で表される．

$$\alpha(f) = \alpha_{\mathrm{medium}}(f) + \int \alpha_{\mathrm{mono}}(f,D)g(D)dD \tag{2.9}$$

ここで $\alpha_{\mathrm{medium}}(f)$ は周波数 f のときの媒体に対する減衰率スペクトル，$\int \alpha_{\mathrm{mono}}(f,D)$ は (f,D) は単分散粒子（粒子径 D）の周波数 f に対する減衰率スペクトルで，$g(D)$ は粒子径分布 dD 間にある粒子の重量分率である．実際の

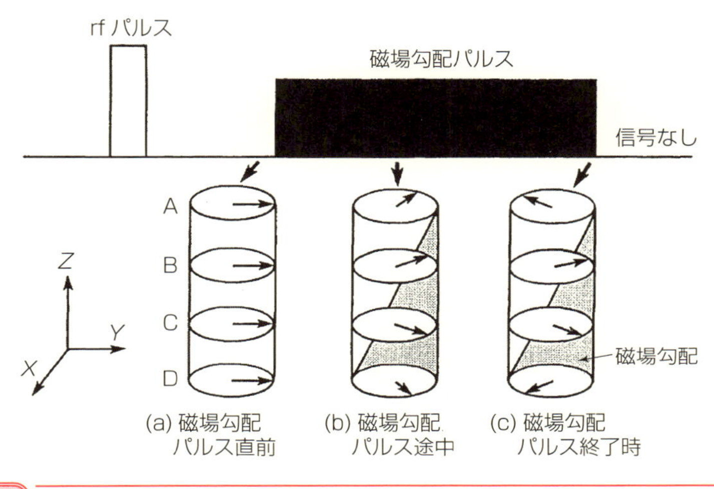

図 2.15 パルス磁場勾配核磁気共鳴法（PFG–NMR）の模式図

出典：化学と生物，**33**, 3（1995）

計算では右辺の第二項の粒子径分布を変化させ，周波数全領域で計測された減衰率スペクトル $\alpha(f)$ に最もよくフィットする粒子径分布 $g(D)$ をコンピュータにより算出する．

2.5.4 パルス磁場勾配核磁気共鳴法（PFG–NMR）

PFG–NMR では通常の NMR 計測における静磁場方向（Z 軸）に磁場勾配パルス（PFG）を印加することで物質の拡散移動距離，すなわち核スピンの位置に関する情報を取り出し，粒子径を求める方法である．図 2.15 に模式図を示す．粒子の核スピンが Z 軸の周りで歳差運動している際に，まず Z 軸方向に第一 PFG を静磁場に加算される方向に印加することでスタート位置を記憶する．その後，第二の PFG を与えることで，粒子の拡散運動によりスピンの位置が変化していれば，初めに印加した PFG による歳差運動の変動が 2 番目の PFG により相殺されずにエコーシグナルの減衰が生じる．結果として，動いた位置が大きいほど減衰の割合が大きくなるため，ある一定時間後におけるシグナルの減衰の割合から粒子の自己拡散の度合いを計測することができる．このようにして求められた自己拡散係数からストークス・アインシュタインの式を用いて，粒子径や粒子径分布を算出することが可能である．

PFG–NMR 法では化学シフトの異なる材質であれば，別々に各物質の拡散係数計測が可能である利点をもち，材質選択的な粒子径計測法として適用可能である．さらに，動的光散乱法のように塵など巨大粒子の影響はないことから，光学精製の必要がなく計測が簡便であるという利点がある．計測可能な粒子径範囲は，0.5～30 nm である[7]．大粒子径をもつ材料評価は難しく，さらに計測の感度も低いことから計測に長時間の積算を要する欠点がある．計測装置は超伝導磁石を液体 He で冷却する必要があり，装置自体も巨大であるなど汎用性は低く，維持管理の困難さなどの問題点も抱える．

2.5.5 電子式低圧インパクター法（ELPI）

インパクター法は，捕集板近傍での気流と粒子の運動を利用した方法である．図 2.16 に原理図を示す．気流は捕集板を回避するように方向と速度を急速に変化するが，粒子は急な変化に追随できないことから，粒子だけが捕集板に衝突する．このときの粒子の運動は粒子径に依存する．通常，捕集板を直列に数枚連結した構造をもち，下段ほど小さな粒子を捕集することになる．さらに小さな粒子を捕集するためには，インパクター内を減圧することでより微細粒子の捕集が可能になる．本計測法は捕集板上の粒子個数や質量から粒子径分布を計測することが可能となる．また，捕集板の枚数に計測分解能が依存するため，高い分解能は期待できないが，ほかの方式より微小な粒子の捕集が可能である．

2.5.6 飛行時間質量分析法（TOF–MS）

図 2.17 に示すように，さまざまな大きさの正イオンをサンプルプレート上で発生させる．サンプルスライドと接地グラウンドの間の電位差を利用して，イオン化した試料分子を図の右方向に引き出す．ここで電位差はどのイオンに対しても一定なので，エネルギー保存の法則より，m/z 値が小さい（軽い）イ

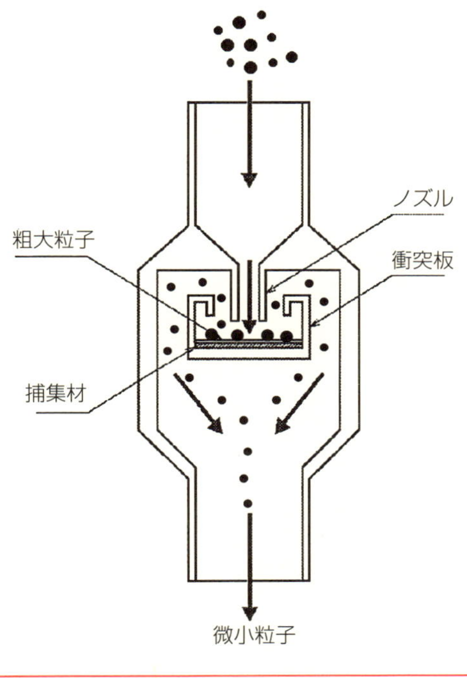

図 2.16　電子式低圧インパクター法（ELPI）の原理図

出典：JIS Z 8851：2008 資料を参考に作成

オンほど高速でドリフト空間を飛行し，検出器に到着する．このように質量電荷比 m/z 値の違いでイオンの飛行時間が異なることを利用して質量分析を行う方法が TOF–MS である．500 nm から 20 μm が粒子径計測範囲である[7]．特徴として，計測質量範囲に上限がなく分子量が数十万のタンパク質を計測することが可能であること，発生イオンのほとんどが検出器に到達するため感度が高いことなどがある．生体高分子の質量計測や高分子の分子量計測によく用いられる．

(a) 構造

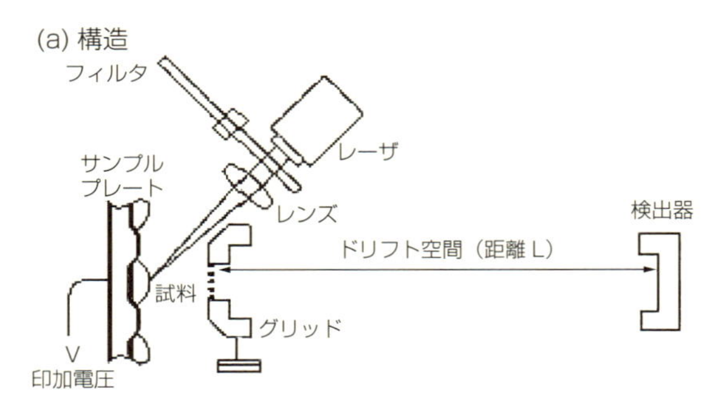

(b) 原理

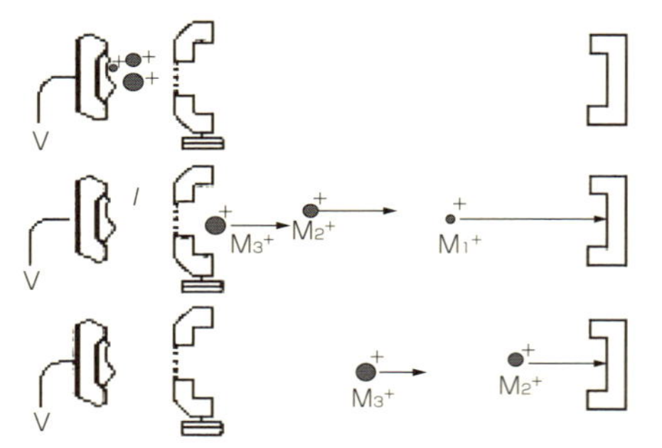

図 2. 17　飛行時間型質量分析法（TOF–MS）の原理図

出典：日本分析機器工業会 編：『分析機器の手引き（第 23 版）』（2016）

顕微鏡法と散乱法は，綺麗に精製された試料に有効な方法だけど，夾雑物が多い試料ではさまざまな化学情報から粒子径を導く質量分析法が有利だよ！

2.6 その他の方法

本節では，これまでのどこの分類にも属さない2つの方法，比表面積計測法（SSA）と電気的検知帯法（ESZM）について概説する．

2.6.1 比表面積計測法（SSA）

現在よく利用されている比表面積計測法は，透過法と吸着法である．図2.18に原理図を示す．まず透過法を概説する．粒子密度 ρ_P，比表面積 S_w の粉体を，断面積 A，層高 L，空隙率 ε の充填層に成形し，一定の圧力差 ΔP で，粘度 η，密度 ρ のニュートン流体（通常は空気）を通過させると，流体の透過速

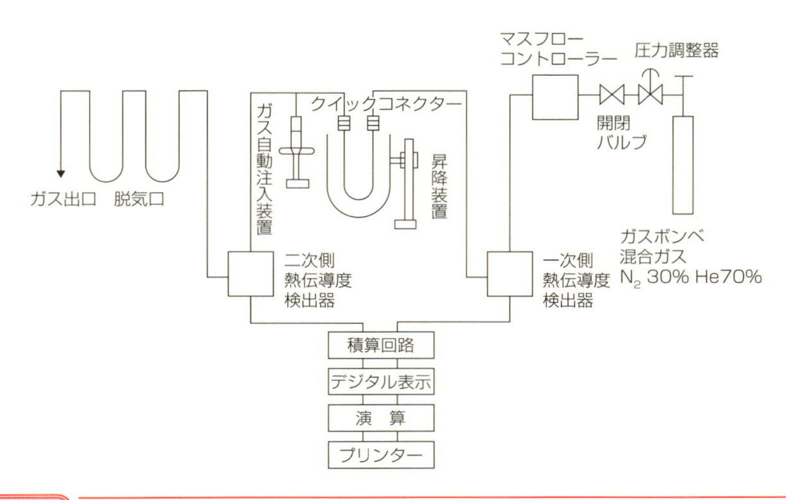

図 2.18　比表面積計測法（SSA）の原理図

出典：日本分析機器工業会 編：『分析機器の手引き（第23版）』（2016）

度νは，次のコゼニー・カルマン（Kozeny-Carman）式で表される．

$$\nu = \frac{Q}{A_t} = \left(\frac{14}{\rho_P S_w}\right)^2 \frac{\Delta P}{\eta L} \frac{\varepsilon^3}{(1-\varepsilon)^2} \tag{2.10}$$

したがって，時間tで充填層を透過する流量Qを計測すると，式（2.10）より比表面積S_wを求めることができる．

$$\varepsilon = 1 - \frac{W}{\rho_P A L} \tag{2.11}$$

Wは試料重量で，比表面積径X_sは式（2.12）から求められる．

$$X_s = \frac{6}{\rho_P S_w} \tag{2.12}$$

次に，吸着法を概説する．一旦真空に引いた試料容器内にN_2（窒素）ガスを導入し，温度一定の下でガスを試料に吸着させ，ガス吸着量の圧力依存性を示す吸着等温線を得る．BET（brunauer emmett teller）の吸着等温式から，気体圧力P，飽和圧力P_0，吸着量をυ，気体分子が粒子全表面に一層だけ吸着したと想定される吸着量をυ_m，定数Cとすると，BET多点法では式（2.13）で，BET一点法では式（2.12）で，

$$\frac{P}{\upsilon(P_0-P)} = \frac{1}{\upsilon_m C} + \frac{C-1}{\upsilon_m C}\frac{P}{P_0} \tag{2.13}$$

$$\frac{P}{\upsilon(P_0-P)} = \frac{1}{\upsilon_m}\frac{P}{P_0} \tag{2.14}$$

吸着量υ_mをモル数で求める．吸着分子1個の占有面積σがわかっていれば，アボガドロ数をN_Aとすれば，比表面積S_wは，式（2.15）で求められる．

$$S_w = \upsilon_m N_A \sigma \tag{2.15}$$

ここから試料が均一な球形粒子で構成されていると仮定した場合の粒子径を求めることができる．この方法で算出した粒子径は，粒子が凝集していてもその構成粒子（一次粒子）のサイズをある程度反映している．

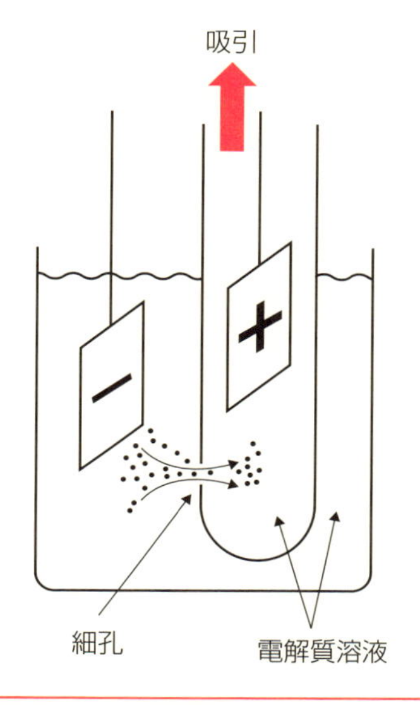

図 2.19　**電気的検知帯法（ESZM）の原理図**

出典：粉体工学会 編：『粒子径計測技術』日刊工業新聞社（1994）

2.6.2 電気的検知帯法（ESZM）

電解質溶液などの電気伝導性のある液中に粒子を懸濁させて，その体積と個数を電気的に検知する方法が電気的検知帯法である．図 2.19 に原理図を示す．粒子の体積を電気的に検知する主な方法は，電解質溶液中に細孔を設け，粒子が細孔を通る時に生じる電気抵抗の変動を検出する方法である．電気抵抗の変動は細孔を通過する粒子の体積に比例するので，この方法では粒子の形状によらずに粒子体積が直接計測できる．計測できる粒子径の範囲は 400～1200 nm である[8]．また，計測時間も短時間である．しかし，計測できる粒子径範囲は細孔径の数％から数十％と，狭いという欠点がある．また，細孔径より大きい粒子は目詰まりを起こすので計測できない．このため未知の粒子径分布を計測することは困難で，計測対象の決まった計測系，血液中の血球計測用として広く使われている．

本章では，ナノ粒子かどうかを特定するための評価システムの分類を行い，各計測法の概要を述べた．数式などはできるだけ使わず，必要最小限の項目を概説した．詳細は成書を参照されたい[2)–6)]．

参考文献

1）ISO 17867:2015

2）粉体工学会編：『粒子計測技術』日刊工業新聞社（1994）

3）日本分光学会編：『X 線・放射光の分光』講談社（2009）

4）日本分析機器工業会編：『分析機器の手引き（第 15 版）』（2007）

5）堀江一之ほか：『若手研究者のための有機・高分子測定ラボガイド』講談社サイエンティフィック（2007）

6）柳田博明，廣川一男：『微粒子工学大系–第 1 巻基本技術』フジ・テクノシステム（2001）

7）加藤晴久：産総研計量標準報告，**6**，185（2007）

8）JIS Z 8832:2010

第 2 章では，各種計測法の原理，注意点，試料の調整法などを概説したよ．
もっと詳細が知りたい読者は，次章以降を参考に読んでね．

Chapter 3 試料の調整方法

第2章で述べたように，数多くの測定法がナノ粒子測定法として提案されているが，測定対象試料が幅広い粒子径分布をもつ場合において，正しい粒子径分布が得られない恐れがある．本章ではこのようなナノ粒子測定法における問題について概説し，正しい粒子径分布を得るための前処理法としてのナノ粒子分級法について述べる．

ナノ粒子分級法として，ナノ粒子を懸濁した溶液中で分級を行う液相分級，気体中にナノ粒子を分散させた状態で分級する気相分級法の 2 つに大きく大別できる．代表的な分級法として，液相分級法ではクロマトグラフィー法および流動場分離法について，気相分級法では微分型電気移動度分級器について，原理やナノ粒子計測に適用した実例を交えて紹介する．

3.1 分級の意義，必要性

第2章で述べたように，ナノ粒子計測法として，数多くの方法が提案されている．図3.1に現在実用化されている代表的な方法について，対象とする粒子径範囲を示す．ナノ粒子は一般的に大きさが1〜100 nmの粒子であり†，ナノ粒子の特性を評価する上では，このサイズ領域を網羅する必要がある．一方で，近年，EU各国をはじめとして，ナノ材料に関する届け出制度，規制が始

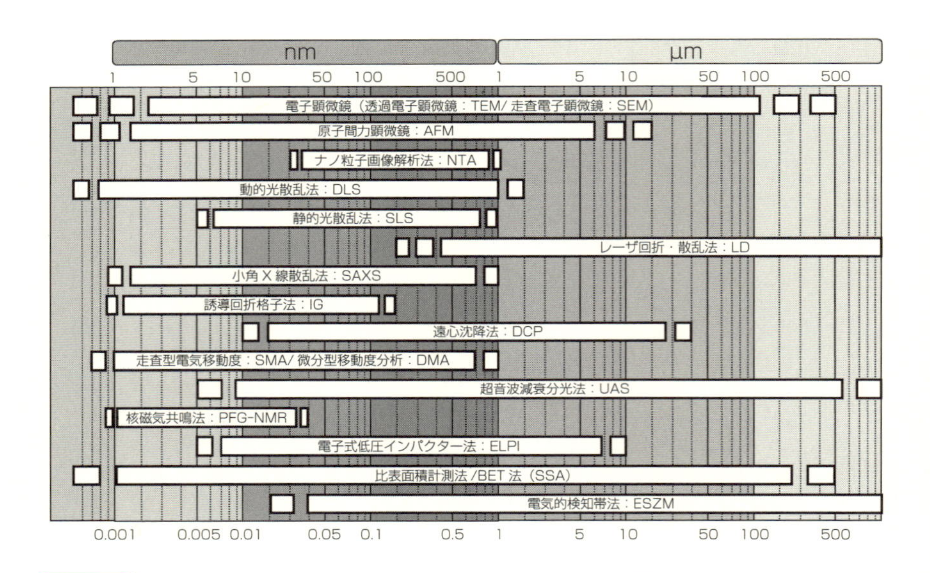

図 3.1 代表的なナノ粒子計測方法が対象とする粒子径範囲

† 各国，機関により定義が異なる．「少なくとも一次元が1〜100 nmのものをナノ粒子」とする定義が多い．

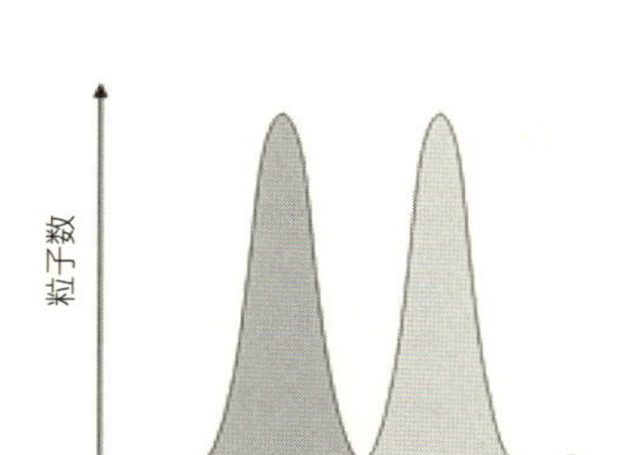

実際の粒子経分布

（ケース 1）小さな粒子が過少評価される場合

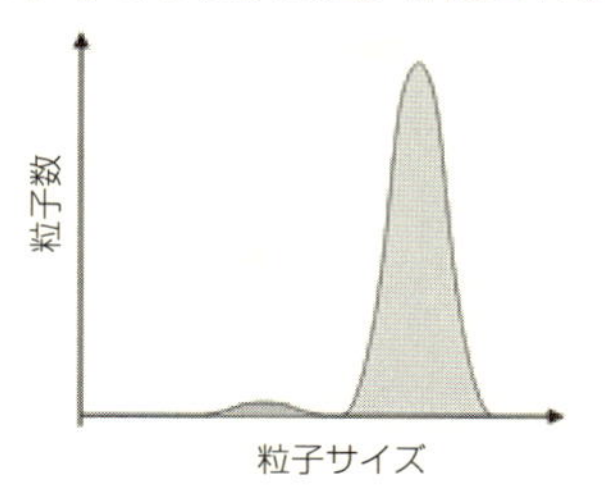

（ケース 2）解像度が低く平均分布化される場合

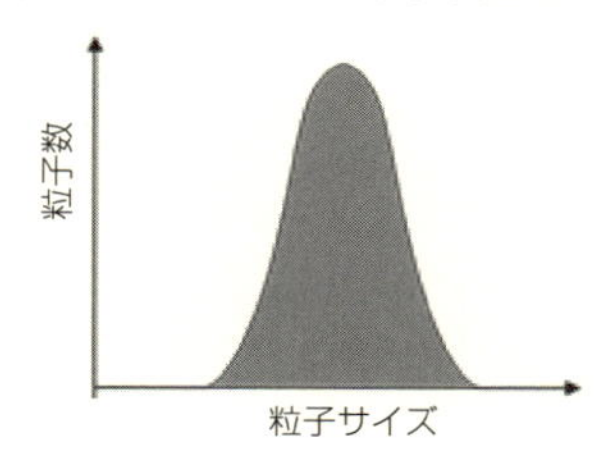

図 3.2　**ナノ粒子計測における問題点**

まりつつある（詳しくは第 7 章で扱う）．ナノ材料の定義として，「粒子材料の一定割合以上がナノ粒子であるもの」とされることが多く，この場合は対象試料に含まれる 100 nm 以上のサイズの粒子も計測して，試料全体の粒子径分布を計測する必要がある．つまり，ナノ粒子計測においては，2 桁以上のサイズ分析のダイナミックレンジをもつ粒子径分布が求められることになる．

図 3.1 に示したとおり，いくつかの計測法はこれらのサイズ領域を網羅している．しかしこれらの方法を用いても，計測対象試料が幅広い粒子径分布をもつ場合においては，図 3.2 に示すような問題が生じる場合がある．

（ケース 1）小さい粒子の粒子径分布が過少に計測されてしまう場合
（ケース 2）粒子径分布の解像度が低く，平均分布化されてしまう場合

いずれの場合も，正しい粒子径分布を得ることはできず，材料の特性を見誤ったり，ナノ材料定義に正しく即すことができなかったりする恐れがある．以下，広い粒子径分布をもつ試料について生じうる問題を，より具体的に計測例ごとに紹介する．

3.1.1
透過電子顕微鏡における問題点（ケース 1）

透過電子顕微鏡（TEM）や走査電子顕微鏡（SEM），原子間力顕微鏡（AFM）などの顕微鏡法に共通する問題として，小さい粒子が大きな粒子の影に入った場合，その小さな粒子は計測されない問題が挙げられる．

図 3.3(a)に TEM での計測イメージ，(b)(c)に実際の計測例を示す．粒子径 30 nm と 260 nm の粒子の混合試料を計測した例であるが，260 nm の粒子の影に隠れた 30 nm の粒子のコントラストが大きく低減していることがわかる．TEM は試料を透過した電子線を検出するため，SEM や AFM と異なり，原理的には影に隠れた試料も計測できる．しかしながら，粒子径が大きく異なると，粒子同士の電子線の透過率も大きく異なり，大きな粒子の影にある小さな粒子の輪郭を認識するのに十分なコントラストを得ることが難しくなる．

前述のとおり，TEM においてはコントラストが問題になるが，SEM や

(a) TEM での計測イメージ

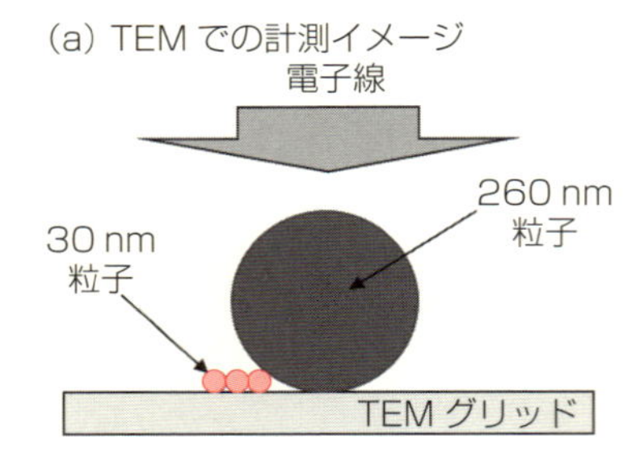

(b) 通常の TEM 観察像

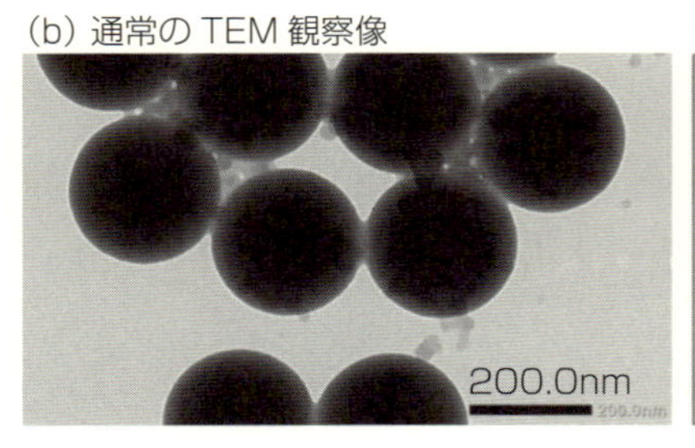

(c) 実際の像（影にある粒子を強調）

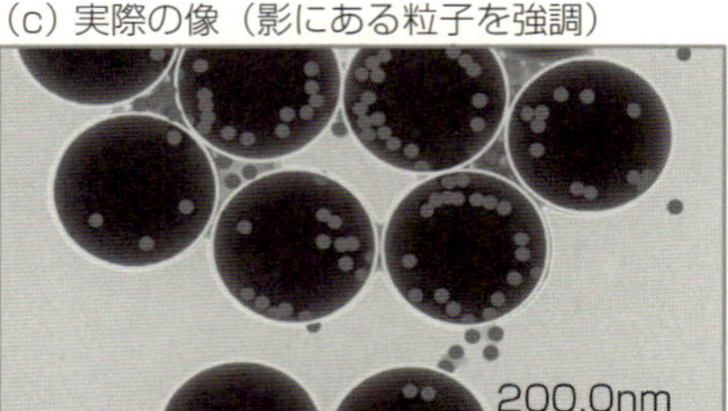

図 3.3 透過電子顕微鏡（TEM）の問題点

出典：産業技術総合研究所 物質計測標準研究部門 加藤晴久主任研究員 提供

AFMの場合はそもそも影に隠れた粒子は計測することは困難である．

また電子顕微鏡では，視野と解像度の問題も挙げられる．ナノ粒子計測では2桁以上のサイズ分布をもつ試料を計測する場合があるが，このような試料を同一視野で観察しようとすると，計測倍率の設定が難しい．倍率を最も小さい粒子が観察可能な値に設定すると，最も大きな粒子は視野の大部分を占めてしまい，視野内での粒子径分布の計測は難しい．この場合は複数の視野を観察することで粒子径分布を計測することになるが，非常に大きな労力を要することになる．

3.1.2 動的光散乱法における問題点（ケース2）

動的光散乱法や静的光散乱法など，計測原理は異なるものの，ナノ粒子計測において試料粒子による散乱光を検出することで粒子径計測を行う方法では，粒子径に対して長い波長の入射光を用いる，つまりレイリー散乱光を検出することが多い．

レイリー散乱においては，散乱係数は粒子径の6乗に比例する．そのため検出される光強度は実際の粒子径分布に対して，粒子径の大きな粒子成分が強く検出される．たとえば，1 nmの粒子と100 nmの粒子では，その散乱係数は10^{12}倍も異なることになる．

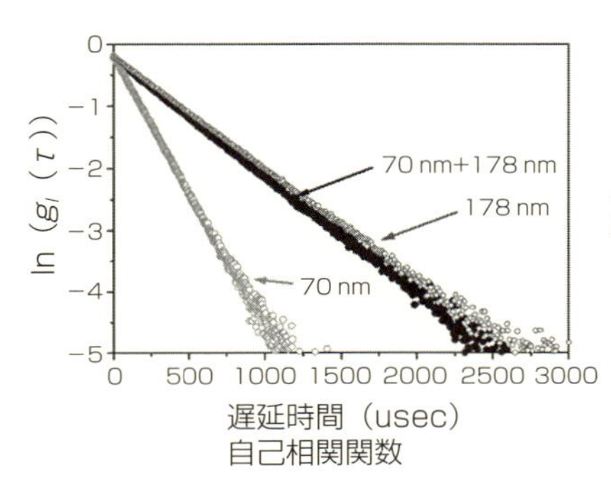

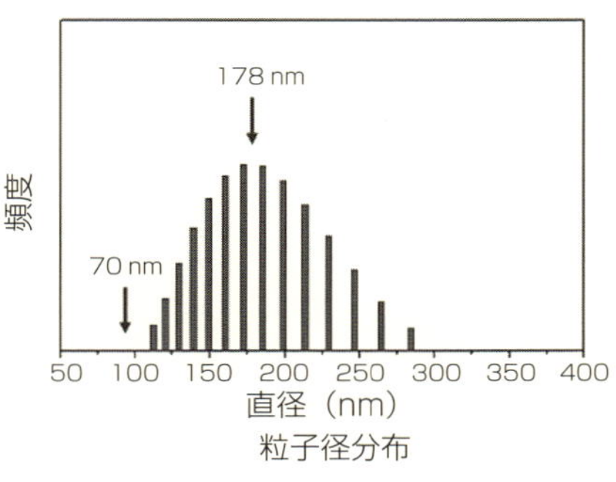

図3.4 動的光散乱法（DLS）の問題点

出典：産業技術総合研究所 物質計測標準研究部門 加藤晴久主任研究員 提供

粒子径 70 nm と 178 nm の混合試料を動的光散乱法で計測した例を図 3.4 に示す．左図に粒子径 70 nm，178 nm および両者の混合試料についての自己相関関数のプロファイルを示す．混合試料のプロファイルが，178 nm のみの場合とほぼ一致した結果を示していることがわかる．この結果から右図のように約 178 nm を分布の頂点とする分布が算出され，粒子径 70 nm の粒子の情報は得られなくなってしまう．

3.1.3
レーザ回折・散乱法における問題点（ケース 3）

レーザ回折・散乱法では，粒子径よりも長い波長のレーザ光を照射する際に生じるミー散乱の，散乱パターンより粒子径を算出する．

図 3.5(a)に散乱パターンイメージを示す．粒子径が大きくなるにつれて前方への散乱が大きくなる．単一の分散をもつ粒子試料の場合，ミー散乱理論から予想される散乱パターンから，その粒子径を算出する．一方で多分散試料の場合，得られる散乱パターンは，それぞれの粒子径による散乱パターンの重ね合わせになる．試料中に含まれる粒子が，粒子径の大きく離れた多峰性分布をもつ場合は，それぞれの散乱パターンを分離して検出可能であるが，比較的近い粒子径分布をもつ場合，それぞれの散乱パターンは平均化されてしまい，結果としてブロードな分布を持った粒子径分布となる．図 3.5(b)に，粒子径 70

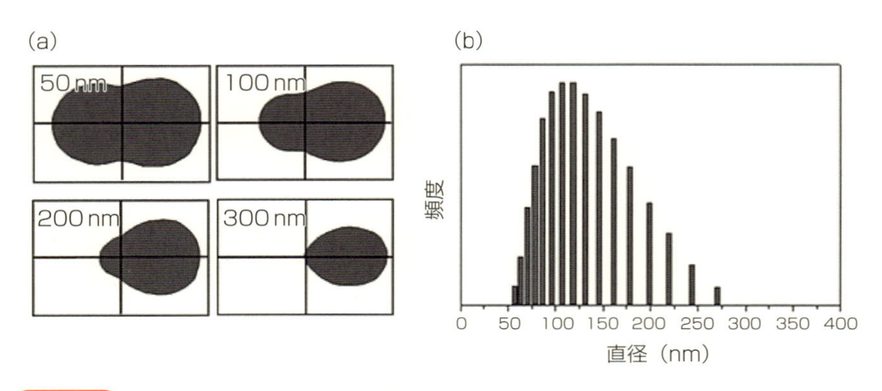

図 3.5 レーザー回折・散乱法（LD）の問題点

出典：産業技術総合研究所 物質計測標準研究部門 加藤晴久主任研究員 提供

nm と 178 nm の粒子の混合試料を，レーザ回折・散乱法で計測した例を示す．本来であれば 70 nm と 178 nm のそれぞれに分布の頂点をもつ二峰性の粒子径分布が得られるはずであるが，70 nm と 178 nm の平均値当たりに分布の頂点をもつブロードな粒子径分布となっていることがわかる．

3.1.4 分級による前処理を用いるナノ粒子計測

ナノ粒子の粒子径分布計測を行う上で，対象試料によっては前述した問題が生じる可能性がある．どのような粒子径分布を持った試料かわからないような場合には，特に注意が必要である．

このような問題を回避するためには，計測対象試料を，ある粒子径の範囲に区切って分画し，それぞれの分画試料を計測する方法が有効である．

図 3.6 にナノ粒子計測前処理としての分級のコンセプトを示す．多峰性もしくは幅広い分散をもつ試料の場合，前述の問題により，同一の計測条件で同時に計測すると，正しい粒子径分布を得られない恐れがある．そこで，あらかじ

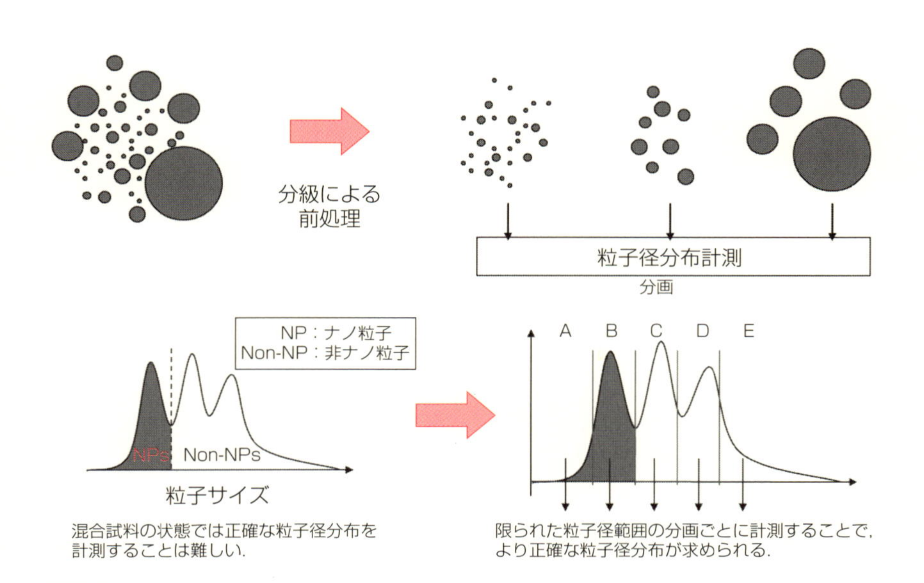

図 3.6 分級による前処理を用いるナノ粒子計測の概念図

(a) レーザ回折・散乱法による粒子径分布

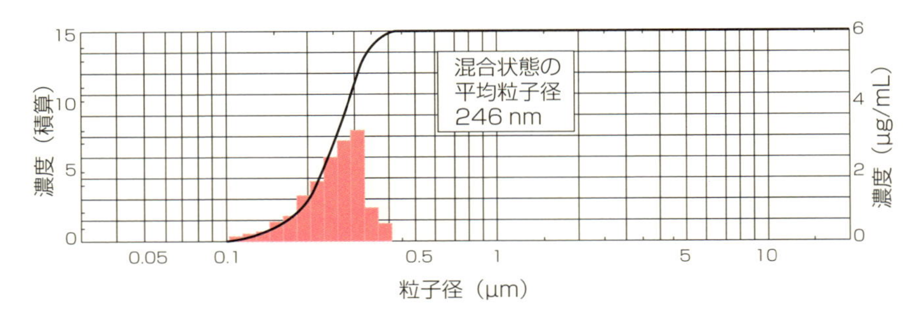

(b) オンライン分級を用いた場合の粒子径計測結果

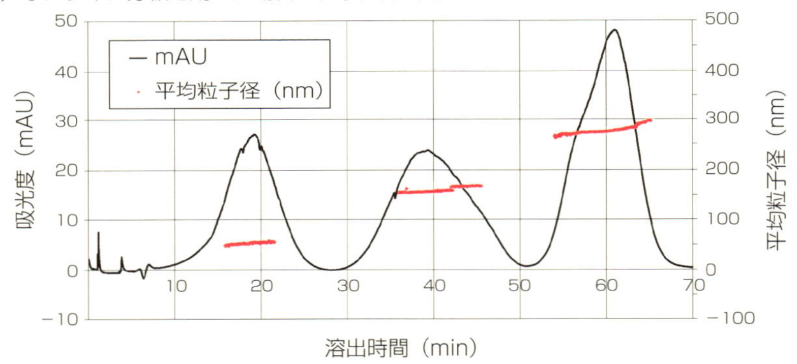

図 3.7　分級による前処理を用いるナノ粒子計測の概念図

め一定の粒子径範囲ごとに分級，分画しそれぞれの分画ごとに粒子径分布，濃度計測を行う．その後，それぞれの分画での計測結果をつなぎ合わせることで，元の試料の粒子径分布を得る．計測対象とする粒子径分布範囲を制限することで，各計測法本来の計測精度による正しい粒子径分布を得ることができる．粒子径分布計測，濃度計測は分画後の試料に対して行うだけでなく，分級を行いながらオンラインで計測することでも同様の効果を得ることができる．

図 3.7 に，分級前処理の有無により，粒子径分布計測結果が異なる実測例を示す．粒子径 67 nm，150 nm，300 nm の標準粒子の混合試料を，レーザ回折・散乱法で計測した例を示している．

図 3.7(a)では混合試料を，分級なしにそのまま計測した結果を示している

が，本来であれば三峰性の粒子径分布を示すはずのところ，平均粒子径 246 nm の単峰性の分布結果となってしまっている．これは前述したケース 2 の原因によるものである．

これを改善するため，前処理として分級を行い，粒子径分布計測を行った結果を図 3.7(b)に示す．具体的には，後述する流れ流動場法で分級した試料を，オンラインで連続的にレーザ回折粒子径計測装置に導入し，粒子径分布を計測した．同時に紫外線吸光度検出器にて濃度検出も行っている．(b)の結果では，本来の 3 つの粒子（67 nm，150 nm，300 nm）に相当するピークが得られ，それぞれに対応する平均粒子径が得られていることがわかる．

このように，ナノ粒子の粒子径分布計測の前処理として分級を行うことで，同時に幅広い粒子径分布をもつ試料を計測する際に生じる課題を解消し，各計測法本来の精度による正しい粒子径分布を得ることができる．3.2 節より，具体的な分級方法を述べる．

正確な粒子径分布を計測するには，まずはどの範囲の大きさの粒子が含まれるかを判断し，それに応じて精密な計測法，分級法を選択する必要があるんだね．

そのために，実際はさまざまな計測法を組み合わせて粒子径分布計測を行うよ．

3.2 液相分級法

ナノ粒子計測前処理としての分級法は，ナノ粒子を懸濁した溶液中で分級を行う液相分級法，気体中にナノ粒子を分散させた状態で分級する気相分級法の2つに大きく大別できる．液相分級法では分級後の試料は懸濁液として分画されることから，特に動的光散乱法など，対象試料が懸濁液である場合に適している．また分画後の試料溶液は再度分注することが可能なため，複数の計測法で計測を行う場合にも有効である．一方で気相分級法は，気相へ分散した状態で分級を行うことから，分級後の試料は一般的に基板上に捕集された状態で取り出される．電子顕微鏡や原子間力顕微鏡などのような，捕集基板上のナノ粒子を直接計測することが可能な顕微法に適した分級法であるといえる．

本節では，液相分級で代表的なクロマトグラフィーと流動場分離法について紹介する．

3.2.1 クロマトグラフィー

クロマトグラフィーは，分離カラム内に含まれる分離担体（固定相）と，計測対象試料に含まれる成分ごとの相互作用の違いから試料成分を分離する方法である．対象とする試料媒体によって，液体クロマトグラフィー，ガスクロマトグラフィーなどと分類されるが，ナノ粒子計測の前処理としては液体クロマトグラフィーを用いることになる．

図3.8に代表的な液体クロマトグラフ装置の構成図を示す．主に，キャリア溶液送液のための送液ポンプ，試料注入部，分離カラム，検出器と分離された試料を分画するためのフラクションコレクターから構成される．送液ポンプにより分離カラムへは常時キャリア溶液が送液され，計測対象試料は試料注入部

(a) 装置外観

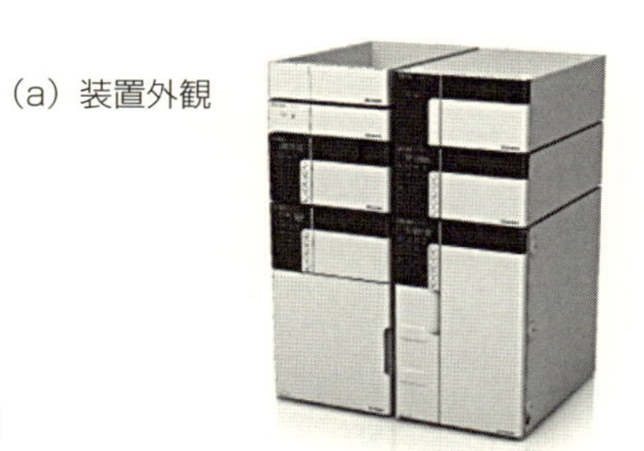

(b) 装置の構成

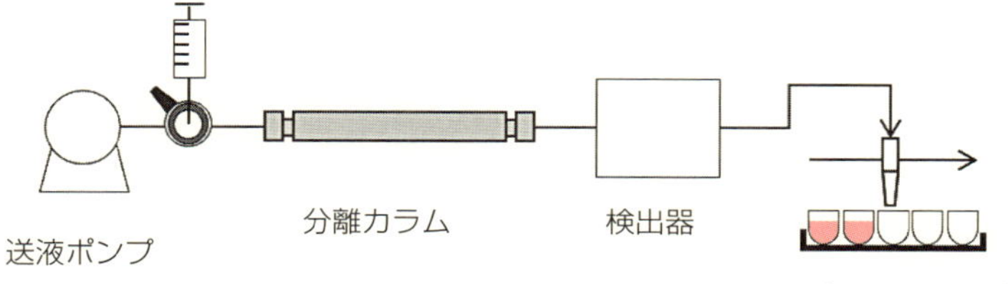

図 3.8　クロマトグラフィー法

出典：島津製作所　提供

を通じてキャリア流の中に導入される．分離カラムに到達した試料成分（本書の場合はナノ粒子）は，分離担体との作用によりそのサイズごとに分離され，分離カラムから溶出される．紫外線吸光度検出器や示差屈折率検出器などにより濃度がモニターされ，フラクションコレクターに導かれる．フラクションコレクターでは，一定の溶出時間ごと（試料注入からフラクションコレクターに到達するまでの時間）に区切って，個別のサンプルチューブに分画をする．もしくは検出器の信号と連動させ，計測ピークごとに分画を行ってもよい．

一般的な液体クロマトグラフィーの原理を述べたが，分離担体と試料成分の相互作用原理の違いにより，液体クロマトグラフィーはさらに分類される．その中で，ナノ粒子のサイズ分離に用いることのできる方法として，サイズ排除クロマトグラフィー（SEC：size exclusion chromatography）とハイドロダイナミッククロマトグラフィー（HDC：hydrodynamic chromatography）が挙げられる．多くの液体クロマトグラフィーは，分離担体と試料成分との化学的な相互作用により分離を行うが，ナノ粒子計測の前処理分級としては，分離担体

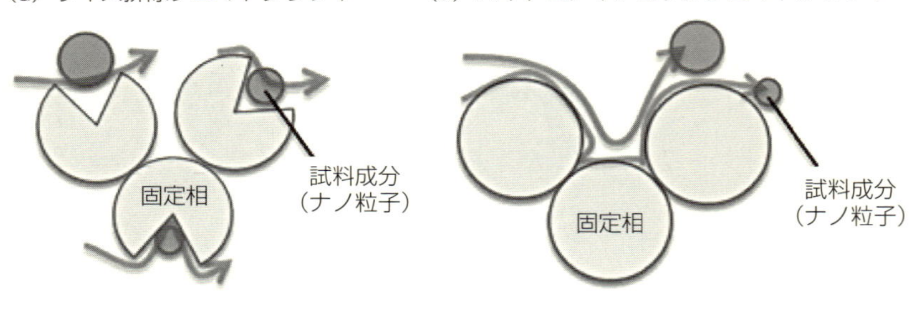

図 3.9　クロマトグラフィー法における分離モード

(a)固定相の細孔への試料粒子の入り込みやすさの違いによって分離を行う.
(b)細孔をもたない粒子を固定相とする. 試料粒子のサイズによる固定相付近での移動速度の違いにより分離を行う.

との化学的な相互作用は生じない条件で，分離担体の物理的構造による作用を用いて分離を行う.

(1) サイズ排除クロマトグラフィー (SEC)

分離カラムの充填剤（分離担体）として，細孔をもった直径数マイクロメートル程度の微粒子を用いる．充填剤の素材としては SiO_2 やポリマー素材が用いられる．図 3.9(a)に示すように，試料粒子は充填剤の細孔に浸透しながら分離カラムを通過する．この際，粒子径の小さな粒子はより細孔の奥まで浸透することから，分離カラム内に長く滞在する．一方で粒子径の大きな粒子は部分的にしか浸透できないため，粒子径の小さな粒子に比べて，分離カラムから早く溶出する．このように，分離担体に形成された細孔への試料粒子の浸透のしやすさの違いにより分離を行う方法が，SEC である.

SEC の欠点としては，分離担体に形成された細孔より大きな粒子同士は分離できない．これを排除限界という．カラムごとに排除限界（一般的に分子量で標記）が示されているので，注意が必要である.

(2) ハイドロダイナミッククロマトグラフィー (HDC)

HDC も SEC 同様，微粒子状の充填剤を用いる分離方法であるが，大きく異なる点としては，充填剤の粒子は細孔構造を有しない．充填剤周囲に生じるキャリア流の流速分布による効果によりサイズ分離を行う．図3.9(b)に示すように，試料粒子は充填剤粒子表面に沿って通過する．粒子径の小さな粒子ほど，より充填剤粒子表面付近を通過することができ，一方で粒子径の大きな粒子はその大きさによる立体障害で，小さな粒子に比べて充填剤表面から離れた軌道を辿って通過することになる．この時，充填剤粒子付近でのキャリア流を考えると，充填剤粒子表面に近いほどキャリア流の流速は遅く，また離れるほど速いため，結果として粒子径の大きなものほど早く分離カラムから溶出されることになる．

ナノ粒子計測の前処理に用いられる液体クロマトグラフィーの方法として，SECとHDCの2つについて紹介したが，現在，SEC用の分離カラムは，多くのカラムメーカーから市販されている一方で，HDCのカラムを市販しているメーカーはほとんどない．

3.2.2 流動場分離法（FFF）

流動場分離法（FFF：field flow fractionation）は，前述した液体クロマトグラフィーと異なり，分離担体を伴わず試料粒子をサイズ分離する方法である．充填剤による排除限界の影響を受けないため，SECなどと比較して幅広い粒子サイズに適用することができ，近年，ナノ粒子計測分野で注目されている方法である．

図3.10にFFFの概念図を示す．FFFでは一般的に帯状のフローセルが分離の場として用いられる．図3.10ではフローセルを横から見た断面図を示しており，キャリア流の流れ方向はフローセル長手方向となる．キャリア流と直交する方向（フローセル上下方向）に，試料粒子に作用する分離場（field force）を印加する．分離場としては，試料粒子を分離する際に対応する物理量に応じて，流れ場や遠心力場などが与えられ，印加する分離場によりFFFの種類が分別される[1)]（表3.1）．分離場による力は，キャリア流によってフローセル内に導入された試料粒子をフローセル底面に押しつける方向に作用する．分離場に対してより強く作用する粒子ほど強い力でフローセル底面に押しつけられる（たとえば遠心力場の場合，より大きく，比重の大きい粒子ほど強

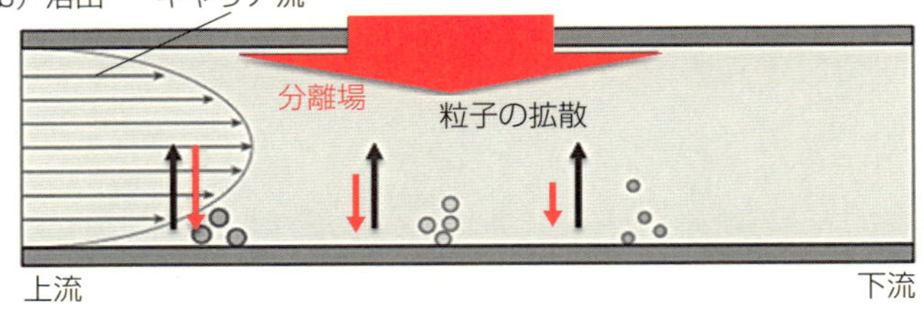

図 3.10 流動場分離法（FFF）の概念図

(a) フローセルの流れ方向に垂直な方向に，分離場（field force）を印加.
(b) フローセル内に送液することで，分離・溶出を行う．この時，フローセル内キャリア流の線速度分布は放物線状となる（層流).

表 3.1 流動場分離法（FFF）の種類

FFF の種類	分離場
フロー FFF : flow-FFF (FFFF)	流れ場
遠心型 FFF（沈降 FFF）: centrifugal-FFF (CF 3) または sedimentation-FFF (Sd-FFF)	遠心力場
電場 FFF : electric-FFF (El-FFF)	電場
熱式 FFF : thermal-FFF (Th-FFF)	温度場

く押しつけられる)．一方，フローセル底面に付近に押しつけられた粒子は，底面から離れる方向に拡散をしようとする．粒子径の小さな粒子ほど拡散係数は大きいため，より大きく拡散する．結果としてフローセル底面近傍では，試料粒子は分離場による運動と粒子の拡散がつりあった分布をとる．

この状態でキャリア流がフローセル長手方向（分離場を横切る方向）に流れると，試料粒子はキャリア流に乗ってフローセル下流に移動する．ただし，キャリア流の流速分布は，フローセルの中央付近は速く，壁付近は遅いため，フローセル底面付近に分布する粒子に比べ，底面から離れて分布する粒子の方が早く下流に移動することになる．つまり，分離場との相互作用が強い粒子は長くフローセル内に滞在し，相互作用が弱い粒子は早く溶出する（図3.10 b)．このように，印加された分離場との相互作用の違いにより分離を行う方法が流動場分離法である．

ナノ粒子計測前処理の分級法としては，粒子の大きさに対して作用する分離場を用いたFFF法を用いる．具体的には表3.1に示したうちの，フローFFF（FFFF）と遠心型FFF（CF 3またはSd-FFF）が用いられる．

(1) フローFFF（FFFF）

フローFFFでは，分離場として流れ場を用いる．図3.11(a)にフローFFFの一種である非対称流れ場FFF（AF 4：asymmetric-flow-FFF）の概念図を示す．フローセルの底面に，キャリア溶液のみが通過できる多孔質膜を配置している．キャリア流の一部が多孔質膜を通過することで，キャリア流の主方向（フローセル長手方向）に直行した流れが形成され，この流れにより粒子を多孔質膜（便宜上，以降フローセル底面とする）に押しつける流れ場が印加される．このキャリア流主方向に直行した流をクロスフローとよぶ[1]．

このクロスフローから試料粒子が受ける力Fはストークスの粘性抵抗の式で与えられる．

$$F = 3\pi\eta d v \tag{3.1}$$

ここでηはキャリア流の粘性，dは試料粒子径，vはクロスフローの線速度である．式(3.1)から，粒子径の大きな粒子ほど強い力でフローセル底面に押しつけられることがわかる．一方，フローセル底面に押しつけられた粒子のうち，粒子径の小さいものほどフローセル中央側に拡散をすることから，結果的に粒子径の小さな粒子ほどフローセル底面から離れて分布する．主方向のキャリア流は流路底面から離れるほど流速が速いため，結果として，粒子径の小さな粒子ほど早くフローセルから溶出する．

キャリア流の一部は多孔質膜を通過してフローセル外に流出してしまうた

(a)

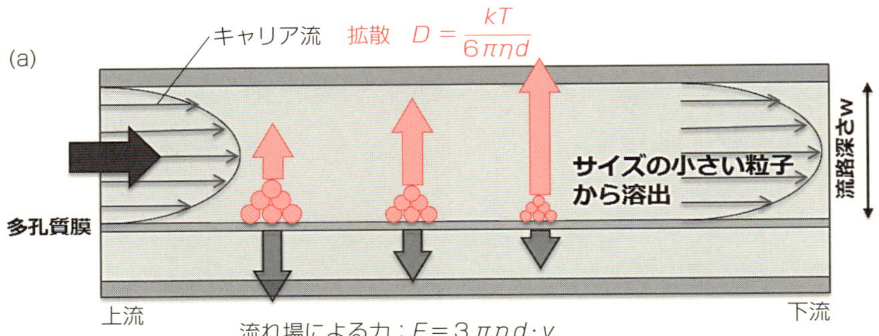

(b)

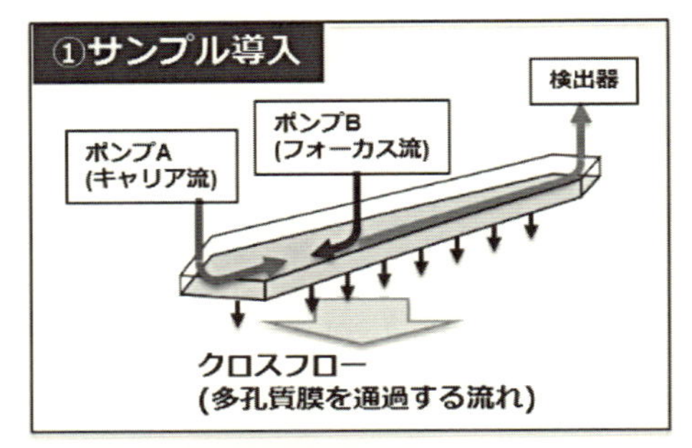

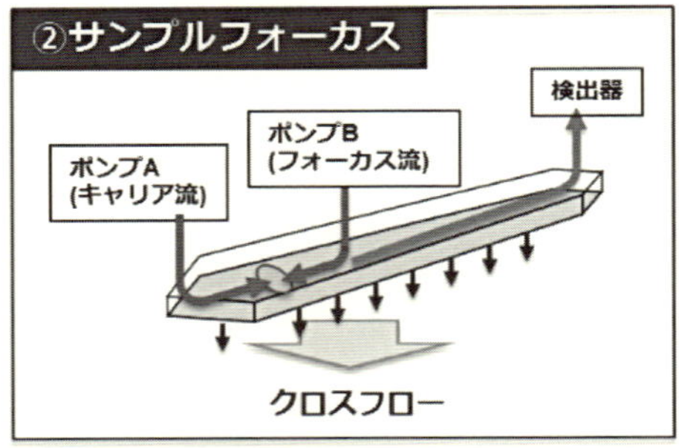

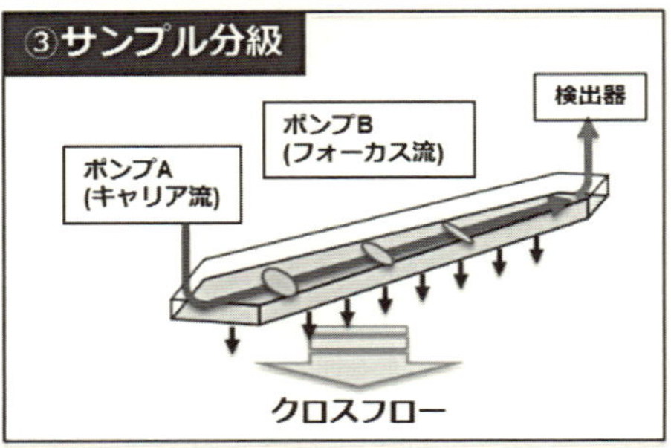

図 3.11 非対称流れ場 FFF（AF 4）の概念図

め，フローセル下流に向かうほど，キャリア流の流量は低下してしまう．そこで AF 4 のフローセルでは下流に向かってフローセル幅が狭くなるような設計をとることが一般的である．これにより，キャリア流の線速度の低下を抑制している．

AF 4 での実際の分級は図 3.11(b)のステップで行われる．サンプル導入のステップでは，キャリア流によりフローセル内に試料流体が導入される．この時，フローセルの下流側からキャリア溶液を逆流する流れ（フォーカス流）を付加する．これにより，フローセル内に導入された試料粒子は対向する流れが釣り合う地点まで移動する．その後，対向する流れを保持すると，サンプル導入時にキャリア流中で拡散していた試料粒子が，上流・下流からのキャリア流に挟み込まれることで，流れのつり合い地点で試料粒子が濃縮される．これをサンプルフォーカス工程とよぶ．この時，クロスフロー流量が一定になるように制御することで，図 3.11(a)に示したフローセル底面付近の分布が形成される．一定時間サンプルフォーカスを行った後に，下流から逆流する流れを止めることで，分級工程が開始され，粒子径の小さい粒子から順にフローセルから溶出される．

式 (3.1) を振り返ると，試料粒子が流れ場から受ける力は，クロスフロー速度で制御できることがわかる．つまりクロスフローを弱めると試料粒子は全体的に溶出しやすく，クロスフローを強めると長くフローセル内に滞在することになる．この特性を利用して，分級精度を調整することができる．

(2) 遠心型 FFF (CF 3)

遠心型 FFF では，文字通り遠心力を分離場に用いる．図 3.12(a)に CF 3 の概念図を示す．CF 3 では環状に湾曲したフローセルを用い，フローセルを高速回転させることで試料粒子に遠心力を印加される．試料粒子が受ける遠心力は次式で表される．

$$F = \frac{\Delta\rho\pi d^3}{6} \times (r\omega)^2 \qquad (3.2)$$

ここで，$\Delta\rho$ はキャリア溶液と試料粒子の密度差，d は試料粒子径，r はフローセルの回転半径，ω は回転角速度である．

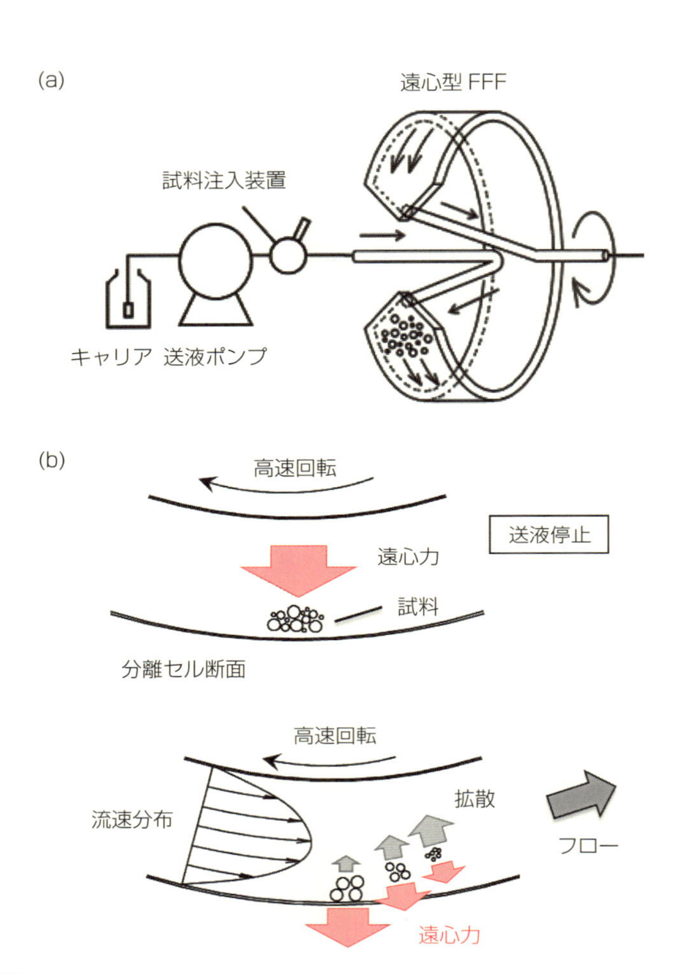

図 3.12　遠心型 FFF（CF 3）の概念図

式(3.2)より，フローセルが回転することで，試料粒子は粒子径の 3 乗に比例した力でフローセル底面（外周側内壁）に押しつけられることがわかる．つまり AF 4 と同様に，大きな粒子ほど強くフローセル底面に押しつけられ，結果として小さい粒子ほど早くフローセルから溶出する．

図 3.12(b)に CF 3 での分級のステップを示す．まずフローセルをあらかじめ一定の回転数で回転させる．試料注入口から導入された試料粒子はキャリア流によってフローセル内に運ばれる．試料流体が完全にフローセル内に到達し

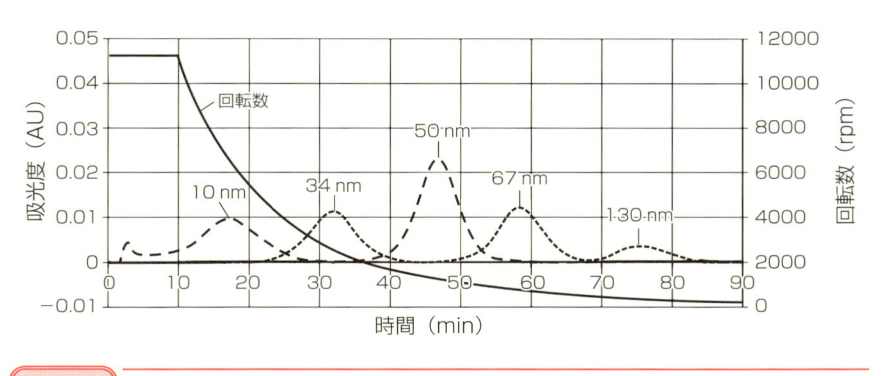

図 3.13 CF 3 における Ag ナノ粒子の分級例

た時点で一旦キャリア流を止め，試料粒子の分布が遠心沈降によりフローセル底面付近で平衡に達するのを待つ．この工程を平衡化とよぶ．フローセル内に試料粒子を導入する際，AF 4 と同様に試料粒子はキャリア流中で拡散が生じるが，CF 3 ではフローセルの構造上，AF 4 のようなサンプルフォーカスを行うことが難しいため，平衡化のみを行うことが一般的である．平衡化を行った後，キャリア流の送液を再開することで，分級工程が開始される．

AF 4 ではクロスフロー速度の調整により流れ場から受ける力を制御可能であったが，式 (3.2) が示すように，CF 3 ではフローセルの回転速度を調節することで，試料粒子の受ける遠心力を制御することが可能である．試料粒子に働く遠心力は粒子径の 3 乗に比例するため，粒子径の大きな粒子はより強い力でフローセル底面に押しつけられるため，大きな粒子がフローセルから溶出するには長時間を要してしまう．そこで CF 3 では回転数を経時的に変化させながら分級を行うことが一般的である．

図 3.13 に Ag ナノ粒子を CF 3 で分級した実例を示す．まずフローセルを初期回転数 11,250 rpm で回転させ，そこに試料粒子である Ag ナノ粒子を導入する．試料粒子がフローセルに導入された後，キャリア流を停止させ 5 分間平衡化を行い，その後キャリア流の送液を再開する．同時に，図 3.13 の回転数プロットが示すように徐々に回転数を減速させていく．これにより，徐々に粒子に働く遠心力が弱まり，小さい粒子から順に溶出しやすくなり，短時間で分級が行うことが可能になる．分級精度は，この回転数の減速カーブによって

表 3.2　AF 4 と CF 3 の特徴

	AF 4（asymmetric-flow-FFF）	CF 3（centrifugal-FFF）/sd-FFF（sedimentaion-FFF）
分離モード	流れ場　$F=3\pi\eta dv$	遠心力　$F=\pi d^3\Delta\rho\omega^2 r$
分級範囲	数 nm から数 μm	数十 nm から数十 μm
条件パラメータ	キャリア流量，クロスフロー流量	キャリア流量，回転数
装置構成	・比較的簡単 ・ポンプの組合せのみ	高速回転軸を介した送液系が複雑
長所	・市販装置としてはこの方式が主流 ・小さな粒子径試料が扱いやすい ・サンプルフォーカスが可能	・広い領域の分級が可能 ・条件検討が容易
短所	・多孔質膜の表面状態が分級に影響を与える可能性がある． ・分析条件の設定が難しい．	・キャリア溶液と比重差の小さな材料は扱いにくい． ・粒子径の小さい試料を分級するには，より高い回転数が必要となる． ・サンプルフォーカスができない．

調整することができる．

これまで液相分級法として AF 4 と CF 3 を紹介したが，それぞれの原理に起因するそれぞれの長所，短所がある．表 3.2 にそれぞれの特徴をまとめる．分級可能な粒子径の範囲としては，AF 4 はシングルナノの粒子を分級できる一方で，CF 3 は最大数十マイクロメートルまでと広い粒子径範囲の粒子を分級できることが特徴である．

AF 4 の特長として，キャリア流，クロスフローの制御のみで分級できるため装置構成がシンプルであり，サンプルフォーカスの工程で試料粒子の拡がりを抑制できることが挙げられる．一方でキャリア流とクロスフローの流量の条件設定では，両者のバランスにより最適な分級条件を決定する必要があるため，実験者に経験が求められる．AF 4 はフローセル底面に多孔質膜を配置していることから，この孔よりも小さな粒子を分級することはできない．また試料粒子やキャリア溶液組成によって，粒子と多孔質膜との間の相互作用により分級特性に影響を与える場合がある．さらにキャリア溶液（水系か有機系か）

によっても，用いることのできる多孔質膜の種類がかわってくるため，AF 4 を実際に使用する上では，多孔質膜の選定は重要なポイントとなる．

CF 3 で試料粒子を分級するには，フローセル内に粒子を留めるだけの遠心力が必要であり，より小さな粒子を分級するためには，より高い回転数でフローセルを回転させる必要となる．CF 3 で用いる遠心力は粒子径の 3 乗に比例し，回転数の 2 乗に比例することから，対象とする最小の粒子径を 1/10 にすると，$\sqrt{10^3} = 31.6$ と，回転数を約 30 倍速くしなければならない．フローセルの回転半径にもよるが，たとえば回転半径を 150 mm とすると，10 nm 以下の Ag ナノ粒子を分級するには 10,000 rpm 以上の回転数が必要となる．さらに遠心力はキャリア溶液との試料粒子の比重差によっても影響する．つまりキャリア溶液の比重に近い材料は，より速い回転数が必要となるため，CF 3 には適さない．

このように CF 3 で分級を行う上で制約はあるが，対象とする粒子が十分保持できる遠心力が得られる場合は，回転数の減速条件で分級精度を調節するため，AF 4 と比べ分析条件の設定は比較的容易であるといえる．

これまで，代表的な液相分級法について紹介してきたが，いずれの方法においても分級後の試料粒子は，液相中に分散した状態で分画される．DLS，SLS や SAXS などの計測方法では，そのまま液相分散状態で計測が可能であるが，SEM，TEM や AFM など顕微鏡法では，計測基板上に試料粒子分散液を滴下後，乾燥させる必要がある．この際，試料粒子を凝集させてしまう恐れがあるため，十分な注意が必要である．

FFF は数社から製品化されていて (1000 ~ 2000 万円)，材料メーカーや製薬メーカーなど多くの企業で使用されているよ．

3.3

気相分級法

気相分級法は，ナノ粒子を気相へ分散した状態で分級した後，分級後の試料は一般的に基板上に捕集された状態で取り出される．液相分級法と異なり，基板上に配置する際の試料粒子の凝集が生じる恐れがないため，電子顕微鏡，原子間力顕微鏡などのような，捕集基板上のナノ粒子を直接計測することが可能な顕微法に適した分級法であるといえる．

気相中に分散されたナノ粒子を精度高く分級する方法として，微分型移動度分析器（DMA）を紹介する．DMA はナノ粒子を帯電させ，その電荷と粒子の大きさにより決定される電気移動度の違いにより分級を行う装置である．

図 3.14 に DMA を用いた気相分級システムの全体構成を示す．気相分級システムは主に，実際の分級を行う DMA に加え，噴霧器，荷電装置，粒子濃度

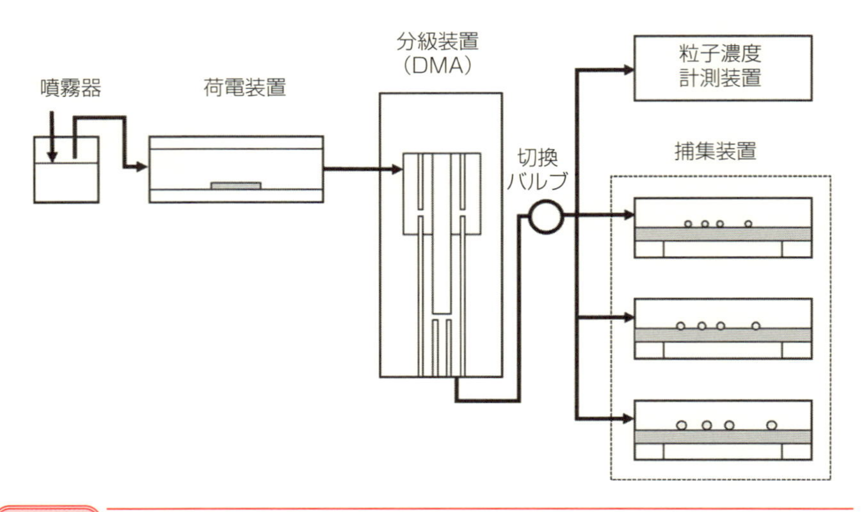

図 3.14　微分型移動度分析器（DMA）を用いた気相分級システム構成

計測装置，試料捕集装置から構成される．

オンライン計測など気体中に浮遊した粒子をサンプリングする場合は不要であるが，液体に分散した試料粒子を扱う場合は，気体中に試料粒子を分散させるための噴霧器が必要となる．噴霧器は，試料粒子が含まれた液体を微小液滴として噴霧し，その後，液滴が乾燥することで気体中に試料粒子を分散させる装置である．噴霧方法として，超音波噴霧法，二流体ノズル噴霧法，エレクトロスプレー法が一般的に使用されている．

DMA は静電気力を用いて粒子を分級するため，試料粒子は帯電をしている必要がある．そこで荷電装置により，気体中に分散した試料粒子に対し荷電を行う．荷電方法には，コロナ放電により生成したイオンにより荷電する方法と，アメリシウムなどの放射線源により生成したイオンにより荷電する方法がある．後述するが，試料粒子の荷電状態は DMA での分級に大きく影響を与えるため，粒子を一定状態に荷電することが重要である．

図 3.15 に DMA の概念図を示す．DMA は一般的に外筒管と内筒管からなる二重円筒管構造をとる．外筒管の外周上には試料導入のための入口スリッ

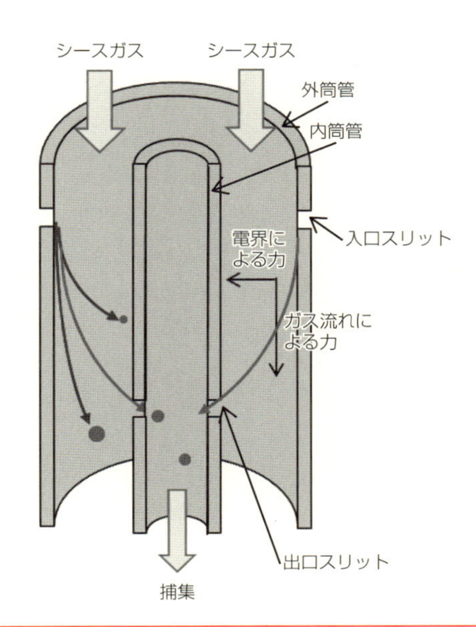

図 3.15 微分型移動度分析器（DMA）の概念図

ト，内筒管の外周上には試料捕集のための出口スリットが設けられている．出口スリットは入口スリットに対して下流側に配置され，試料粒子は，外筒管と内筒管の間の領域で分級される．

二重円筒管の上部から，外筒と内筒の間にシースガスとよぶ試料を含まない清浄ガスが一定流量 Q_c で供給される．同時に，外筒と内筒の間に電圧 V を印加することで，二重円筒管の径方向に電場 E が形成される．通常は外筒管を接地し，内筒管には荷電装置で試料粒子に行った荷電と逆極性となるよう，つまり試料粒子が内筒管方向に引きつけられるような電界が生じるように電圧を印加する．

外筒に設けられた入口スリットから試料粒子を含むサンプルガスを導入すると，試料流体はシースガスに乗って二重円筒管の下流に運ばれる．この時，帯電している試料粒子は外筒管と内筒管の間に形成された前述した電界により内筒管側に引きつけられる．この電界による試料粒子の移動速度 v は式 (3.3) で表される[2]．

$$v = Z_{\mathrm{p}} \cdot E \tag{3.3}$$

$$Z_{\mathrm{p}} = \frac{N_e S_c}{3\pi \mu D_{\mathrm{p}}} \tag{3.4}$$

$$S_c = 1 + Kn\left[A + B\exp\{(-C)/Kn)\right] \tag{3.5}$$

$$Kn = 2\lambda / D_{\mathrm{p}} \tag{3.6}$$

ここで，Z_{p} は電気移動度，E は二重円筒管内の電場，N は試料粒子の電荷数，D_{p} は粒子径，μ は粘性率，e は電気素量，S_c はすべり補正係数，Kn はクヌーセン数，λ はガスの平均自由工程，A=1165[2]，B=0.483[2]，C=0.997[2]である．つまり，電気移動度が等しい試料粒子は，同じ速度でシースガス流の流れを横切って内筒管側に移動する．

試料粒子はシースガスに乗って下流に運ばれながら，シースガスを横切って内筒管側に移動速度 v で移動し，特定の電気移動度 Z_{p} を持った試料粒子のみが出口スリットから捕集される．内筒管の内径 R_1，外筒管の内径を R_2，入口スリットと出口スリットの軸上の距離を L とすると，出口スリットで捕集される試料粒子の電気移動度は式 (3.7) で表すことができる．

$$Z_p = \frac{Q_c}{2\pi L V} \ln(R_2/R_1) \qquad (3.7)$$

内筒管に印加する電圧 V を調節することで，出口スリットから捕集される試料粒子の電気移動度 Z_p を選択することができる．つまり試料粒子の荷電が同じであるとすると，試料粒子の大きさを選択することができる．

DMA にて分級された試料粒子は，捕集装置切り替えバルブにより，捕集装置もしくは粒子濃度計測装置のいずれかに切り替えて導入される．

試料粒子は荷電装置により荷電されるが，一般的に導入された一部の粒子しか荷電されず，またDMA にてシースガスにより希釈されるため，DMA から取り出される粒子の濃度は未知である．そこで粒子濃度計測装置により，DMA から取り出される粒子の濃度を計測する必要がある．濃度計測には一般的に凝縮粒子計数器（CPC：condensation particle counter）が用いられる．アルコールなどの動作液の飽和蒸気中に試料粒子を導入し，その後，飽和蒸気を急冷すると，粒子を核として蒸気が凝縮し，粒子が動作液をまとうことで成長する．この凝集成長した粒子の散乱光により粒子個数を計数することで，捕集される粒子の濃度を得る．

捕集装置としては，一般的に静電捕集器が用いられる．たとえば電子顕微鏡観察用の基板を捕集装置内に配置し，試料粒子を引きつける電位に設定することで，試料粒子を基板上に捕集する．複数の基板上にそれぞれ DMA により捕集する粒子の大きさを選択して捕集することで，試料粒子の分級が可能になる．

参考文献

1）M. E. Schimpf, K. Caldwell, C. Giddings (eds.): *Field-Flow Fractionation Handbook*, Wiley-Interscience (2000)

2）J. H. Kim *et al.*: *J. Res. Natl. Inst. Stand. Technol*, **110**, 31-54 (2005)

Point

ナノ粒子の計測にあたって

「同じ試料を計測したのに，結果が合わないのは何故？」このような質問を受けることがある．計測装置の繰り返し性（繰り返し計測をした時の精度）が十分の場合，結果が合わない原因は主に，

- 基準としている物差しが違う（トレーサビリティーの問題）
- 計測している物理量が異なる（測定量の問題）

と考えられる．トレーサビリティーに関しては，装置の校正や妥当性の確認にSI単位系にトレーサブルな標準物質など，適切な計量標準を用いることによって，不整合を解消することが可能である．一方，測定量に関しては，それぞれの計測原理の物理的意味を十分理解した上で，適切な計測方法の選別およびその結果の正確な解釈が必要である．

一つ例を挙げよう．プールの中に立っている人が，手のひらをゆっくり水面に浸す時，この動作によって手が感じるのは，主に水温あるいは水の粘度であろう．一方，手のひらで素早く水面を叩いた時，手が主に感じるのは水の表面張力であろう．これは検出に用いる手を動かすスピードを変化させただけで，検出される物理量（測定量）が変わったことを意味している．

このように，計測のパラメータや手順に計測値が依存することを，プロトコル依存という．プロトコル依存の解消には，複数機関による同じ試料の同じ方法による計測結果を比較検討するラウンドロビン試験が極めて有効である．

一方，計測方法によって計測値が変動することを，手法依存という．電子顕微鏡を用いる場合，原子間力顕微鏡を用いる場合，光散乱を用いる場合，質量分析器を用いる場合など，それぞれの検出原理によって，測定量が異なることは明白である．特に，個々の粒子を計測しているのか（カウンティング法），ある体積における集合体として値を評価しているのか（アンサンブル法），サイズごとに選別して評価しているのか（フラクショネーション法）の注意も，サイズ分布評価においては重要となる．

ナノ粒子のサイズおよびサイズ分布計測にしばしば用いられる方法とそれぞれの測定量，基礎となっている物理現象を次表にまとめた．それぞれの評価結果を比較する場合，このような計測方法固有の現象を理解し，それぞれの計測方法によって起こりうる不確かさを考慮することが極めて重要である．特に粒

子径分布の広い試料を計測する場合，粒子径の大きく異なる粒子が存在することによる影響を忘れてはならない．

第 4～6 章では実際の計測例を紹介するが，それぞれの測定量や検出原理に留意して読んでいただきたい．

表 ナノ粒子のサイズおよびサイズ分布計測に用いられる代表的な方法とそれぞれの測定量

方法		装置	測定量*	基礎となる物理現象等
カウンティング	EM	電子顕微鏡	等価面積径，フェレ径など多数	ナノ粒子による電子の回折，散乱．およびナノ粒子からの二次電子の発生
	AFM	原子間力顕微鏡	長さ，幅，高さ，深さ	ナノ粒子と短針の原子間力
	sp ICP-MS	シングルパーティクル ICP 質量分析装置	等価体積径，個数濃度	ナノ粒子に含まれる元素量
アンサンブル	DLS	動的光散乱装置	流体力学的等価球径	液中におけるナノ粒子のブラウン運動
	SAXS	小角 X 線散乱装置	粒子径およびその分布．凝集状態	ナノ粒子による X 線の散乱
フラクショネーション	DMAS	微分型移動度分析装置	電気移動度等価径	気中における荷電ナノ粒子の泳動

* ISO TR 18196 “Nanotechnologies-Measurement technique matrix for the characterization of nano-objects”をもとに編集

Chapter 4

画像解析を利用したナノ粒子の計測例

ナノ粒子を計測する方法の一つとして画像解析法がある．画像解析法では走査電子顕微鏡（SEM），透過電子顕微鏡（TEM）や原子間力顕微鏡（AFM）をつかって実際にナノ粒子を直接可視化することができる．ほかの計測手法ではわからないナノ粒子一つ一つの形状や凝集状態を観察することができ，ナノ粒子のそのものの大きさを計測できるのが画像解析法の最大の特徴である．

一方，正確な計測をするために必要な試料調整は，ほかの手法では不要な作業だが画像解析法では非常に重要な作業である．ナノ粒子をきれいに基板に分散させるとともに，計測のためにさまざまな解析手法を用いて粒子の計測を行う．ほかの手法で得られた計測結果と画像解析法で得られた結果を照らし合わせてより正確なナノ粒子計測が実現できる．本章ではナノ粒子を実際に計測し解析するための方法を紹介する．

4.1 画像解析法の利点と欠点

ナノ粒子の解析法で顕微鏡法（TEM, SEM, AFM など）に代表される画像解析を利用する方法は，粒子を直接数えたり（個数基準），寸法を計測したりすることができる点で，相全体中の粒子の体積平均値（体積基準）を求める散乱を利用する方法（DLS など．第 5 章参照）と大きく異なる．すなわち，顕微鏡法の最大の特徴は，ほかの解析法では不可能な，粒子そのものを直接可視化しながらの計測ができることである．

この特徴により，一粒子ごとの形状を把握したり，その表面状態をより詳細に解析できる．さらに弾性率や静電気力，誘電率や導電率などのさまざまな物理量を付加的に計測することによって，原理的には粒子材料の分析や識別も可能となる．ナノ粒子それぞれの個数，寸法，形状計測に加えて，ナノ粒子全体の分散や凝集状態が直接可視化できることも，ほかのナノ粒子解析法では得ることのできない顕微鏡法だけの利点である．

一方で欠点もある．まず画像を利用する顕微鏡法で許される計測環境は，一般的に大気（AFM）や真空環境（TEM, SEM, 一部の AFM）である．液中に分散したナノ粒子を直接計測することは技術的に困難である．AFM による液中観察や大気圧 SEM による大気環境での高分解能 SEM 観察が期待されているが，どちらもさらなる技術開発が必要で，現在の技術ではナノ計測には適用できない．このため，TEM, SEM, AFM すべての観察手法において，観察前に特別な試料準備（粒子の固定を行う試料調整など）が必要で，多数の粒子を短時間で計測することは難しい．

また，顕微鏡法ではナノ粒子をそのまま観察，計測することができるといっても，大きな粒子の下に小さなナノ粒子が隠れている場合には正確な計測ができない．図 4.1 に TEM 法，AFM 法で観察される微小粒子の幾何学的な隠蔽

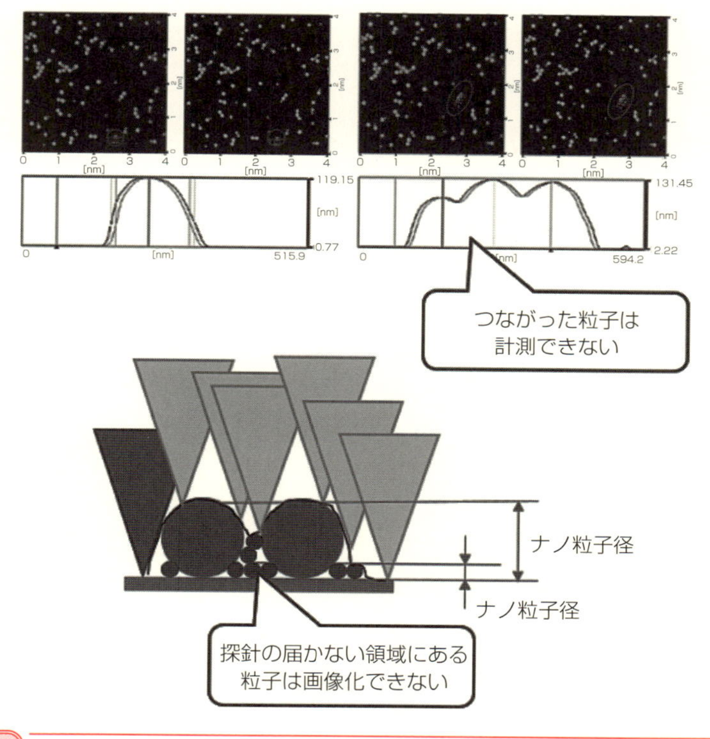

図 4.1 サイズの異なる粒子が混在する場合における微小粒子の幾何学的な隠蔽事例

出典：ナノ計測ソリューションコンソーシアム（coms-nano）ホームページ

（それによる微小粒子の数え落とし）事例を，観察図および模式図で示した．この問題を回避するためには，試料をあらかじめ適正に分級する（試料サイズに応じて揃え分ける）ことが必要となる（第３章参照）．

このため顕微鏡法は全数計測には不向きで，サンプリングした粒子から母集団の粒子分布を推定するためにさまざまな統計手法を活用する．その際に動的光散乱法（DLS）やその他の方法から得られる情報を総合的に判断する必要がある．さまざまな材料からつくられるナノ粒子はそれぞれに形状や特性が異なるが，顕微鏡法で形状や表面状態を把握しながらナノ粒子計測を行うことで，より正確なナノ粒子計測が実現できる．なお，本章で掲載している TEM，SEM，AFM 像は COMS-NANO 活動によるものである．

4.2 試料調整

顕微鏡法では，観察前に特別な試料準備（粒子の固定を行う試料調整など）が必要であることを 4.1 節に述べた．ナノ粒子は，凝集しないように界面活性剤などを添加した懸濁液の状態で保存されているのが一般的である．したがって，顕微鏡法の試料調整はこの状態から始めることになる．試料調整の際に夾雑物が混入し粒子の重なりなどが生じると正しい計測ができなくなるため，試料調整は非常に重要な作業である．

試料調整は，ナノ粒子の入った懸濁液を基板に滴下したり，噴霧したりすることによって行われる．正確な計測を行うためには表面が平坦で清浄な基板を用いる必要がある．基板が非導電性である場合，特に SEM 観察では，電子ビームによるチャージアップが生じ，正常な観察ができないことにも注意を払う必要がある．SEM や AFM では表面研磨されたシリコン基板やグラファイト基板などが使用されている．TEM は専用の TEM グリッドの使用が一般的である．

次に考慮すべきは，基板にナノ粒子を展開(固定)する際の粒子密度である．画像から粒子情報を抽出する場合(後述)，理想的には粒子はそれぞれ孤立状態であることが望ましい．粒子密度が高い場合には粒子の凝集が起こり，二次元方向のパッキングと三次元方向の重なりによって，ナノ粒子計測における計測精度が低下する(最悪の場合には計測が困難になる)．一方，密度が著しく低い場合には，凝集の問題は回避できても，観察視野内の粒子が少なく統計的な粒子計測を行うために多くの視野観察を行わなくてはならなくなる(そのための時間・労力は甚大である)．また，懸濁液に含まれている分散剤の残渣(ざんさ)や結晶化，バクテリアによる腐敗の影響なども無視できない．顕微鏡法ではこれらの状態が直接可視化されてしまうので，もしこのような夾雑物（コンタミネーション）が観察された場合には，あらためて試料調整を行い計測することが必要である．

4.3 TEM，SEM，AFM の特徴比較

表 4.1 に TEM，SEM，AFM の試料調整法，計測原理と計測部位，特徴をまとめて示した．顕微鏡法の最大の特徴は粒子そのものの観察と計測であるが，TEM，SEM，AFM は計測原理からそれぞれ粒子を計測する際の部位が異なる．表に示すとおり，基板に固定された粒子に対して，TEM，SEM はその粒子径の幅を，AFM は粒子径の高さを計測部位としている点に注意が必要である．

AFM は粒子径の高さのほか，粒子径の幅の計測も可能であるが，AFM は原理的に有限の大きさをもつ探針を試料に接触しながらデータを取得するため，得られる幅には探針の大きさが含まれている．したがって，AFM 画像から直径（幅）を数値化している場合には，後述するように計測後の生データには探針の影響が含まれている†．

TEM，SEM の幅と AFM の高さが同じ値とならないことは，さまざまな要因で起こる．まず，粒子を基板に固定するには，基板と粒子間に働く（物理）

表 4.1　TEM，SEM，AFM の計測原理と特徴

観察・計測方法	試料調整プレパレーション	原理	計測部位	特徴	欠点
TEM	TEM 専用グリッド	電子線透過		高精度計測 画像が明瞭	炭素など軽元素材料が見えにくい
SEM	平坦基板 鏡面研磨シリコン	電子線反射		·TEM,AFMと比べて測定が容易 ·低倍率から高倍率までカバー	条件によって輪郭の見え方が変わる
AFM	超平坦基板 鏡面研磨シリコン グラファイトなど	物理接触		·物理計測なので材料に依存しない ·表面形状や裏面状態まで観察可能	コンタミネーションの影響を受けやすい

TEM，SEM はナノ粒子の幅を，AFM では高さを計測しており，顕微鏡法でナノ粒子を計測する部位が異なる．ナノ粒子の材料など条件によって計測手法を選ぶことも必要．

(a) 相互作用をうけない状態

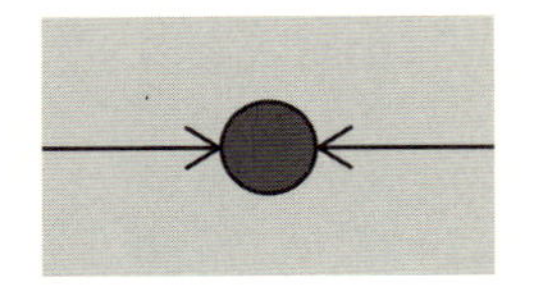

(b) 相互作用により扁平な状態

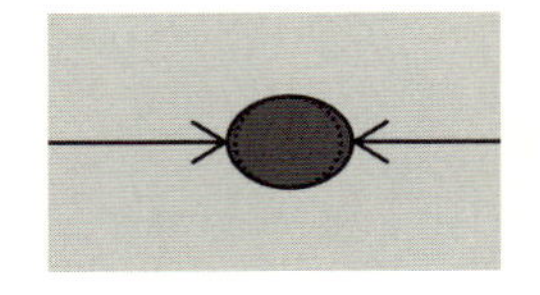

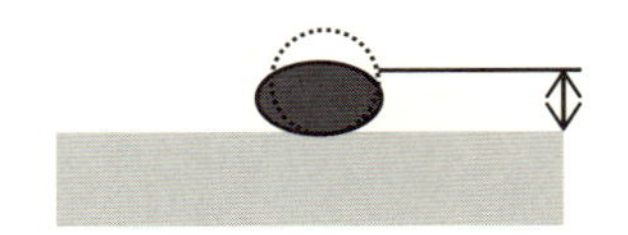

図 4.2　真球粒子と基板との相互作用による変形（粒子のつぶれ）例と計測誤差

同じ相互作用を受けてもナノ粒子の材料物性によって変形の割合が異なる.

吸着力を利用している. この吸着力が柔らかい粒子に作用した場合には粒子形状が変形することが予想され, 異なる計測結果になると考えられる. 図 4.2 は, 真球粒子が基板との相互作用を受けない場合と受けて変形した場合の計測誤差を模式的に示したものである. 粒子のつぶれでは, 柔らかい材料および静電的な相互作用が大きい場合により大きな影響として現れる. 真球粒子がつぶれると TEM, SEM 法では値は大きくなり, AFM 法では小さくなる. これから相互の値を比較することによって, その影響を予測することもできる（ただし実際のナノ粒子の形状が真球であることは稀であることに注意）. 上記の例に加えて, 計測原理から違いが生じる場合もある.

TEM, SEM は非常に細く絞った電子線を探針として試料に照射した時に得られる透過電子や反射電子, 二次電子を計測することによって画像を得る. このため, 入射電子ビームの（試料の帯電で起こる）空間的な広がりや, ナノ粒子における入射電子ビームの散乱領域も計測結果に影響を及ぼす. さらに, 電子線を照射した際の試料の損傷や炭化水素系汚染物の蓄積なども計測結果に影

† 正確な値を導出するためには, 計測数値から探針の影響を取り除くデコンボリューションといわれる演算が必要となる. デコンボリューションにはあらかじめ探針の形状や寸法を把握するために標準試料を用いた事前作業が必要であり, 高さ計測と比べて煩雑となる.

響する（誤差を生じる）．

入射電子のエネルギーや対象試料の違いによる試料内部の電子散乱の様子を視覚化する上で，モンテカルロシミュレーションといわれる方法を用いた研究が進められている．これらの研究の結果，入射電子エネルギーが高いほど，試料密度が小さいほど，入射電子は広い領域に散乱することがわかっている[1)2)]このためナノ粒子計測では材料による観察条件の最適化が必要となる．

一方，炭素のような軽元素はSEMでは電子ビームが試料と相互作用を起こすことなく透過してしまい，TEMでは透過量の差が非常に少なくなる．このため粒子の輪郭部の検出は非常に難しく，画像を得ることは困難になる．試料の厚みが薄い（粒子径が小さい）場合にも同様である．この問題を軽減するため，輪郭やエッジ強調などさまざまな解析手法が開発されている．

AFMは有限の大きさをもつ尖った探針（現在はシリコンプロセスを用いたMEMSでつくられたシリコン探針などが一般的である）で表面をなぞりながら計測するため，探針の大きさの影響が誤差として生じる．X-Yの二次元計測においては常に針の形状に依存したデータとなるために，デコンボリューションによって針の影響を数学的に排除する計算が必要になる．高さ計測においてはこの影響はないが，基板の粗さやうねりなどの影響が別の誤差要因になるため，TEMやSEMに比べて試料調整にはより注意が必要である．

AFMはその原理から，材料の密度の影響を受けずに，軽元素からなるナノ粒子を観察・計測できる．一方，夾雑物の影響も受けやすく，TEMやSEMでは透過して見えない密度の低い物質までも観察できてしまうことがナノ計測においては誤差要因になる．顕微鏡法ではこれらの誤差要因をあらかじめ把握し，観察・計測結果を検証する必要がある．

最後に顕微鏡法において，非常に重要な装置校正について十分な理解が必要である．TEM，SEM，AFMともに計測した画像情報から粒子の大きさを導出するが，装置は校正試料によって常に正しい値を示すよう校正されている必要がある．TEMとSEMはCD（criticaldimension）倍率較正試料による校正，AFMはさらに高さ情報を加えた校正サンプルによる校正が必要である．これらの方法については，それぞれの節で説明を行うが，これらの校正試料は必ず国際標準とのトレーサビリティが求められる．

4.4 TEM，SEMによる計測例

4.4.1 サンプリングと基板展開

TEM，SEMによるナノ粒子計測手順を図4.3に示す．サンプリングは粒子の種類，大きさ，混在している粒子径の分布などを考慮に入れて行う．この際に顕微鏡法では基板展開に必要な濃度にすることが重要で，分級装置を用いて分級を行うことが多い．このため，あらかじめ分級された粒子の懸濁液を観察用基板に展開することになる．多くのナノ粒子は水溶性液体に分散しているため，基板表面は親水化が必要である．表面が撥水性の場合には粒子は展開されず基板上で凝集してしまう．滴下はマイクロピペットで粒子の液滴に存在する

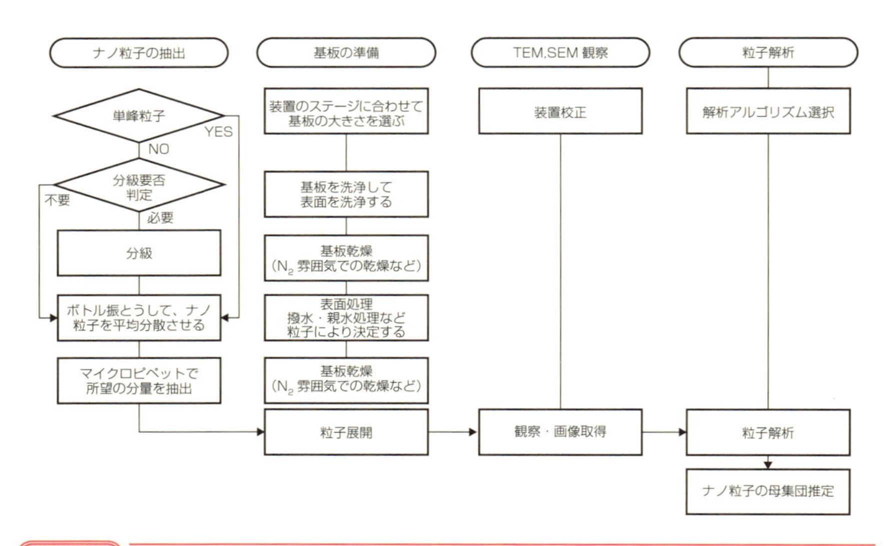

図 4.3　TEM，SEMによるナノ粒子計測手順

粒子数をあらかじめ計算し，最適な量の液滴を滴下する．滴下後は自然乾燥によって水分を蒸発させ，ナノ粒子を乾固させ固定する．TEMの場合，マイクログリッド上に滴下して観察を行う．SEMの場合，鏡面研磨されたシリコン基板上に滴下して観察を行う．基板展開後は，一般的には清浄なデシケーターの中で不活性ガス雰囲気（高純度N_2など）によって乾燥させるのが望ましい．液滴が乾燥して基板に展開してゆく様子は古くから研究がなされている[3)-5)]．顕微鏡法ではこの乾燥された液滴の最適な箇所を観察し粒子を計測する．

4.4.2 TEM，SEMによる観察・計測

TEMでPSL（ポリスチレンラテックス），SiO_2，Agのナノ粒子を観察した事例を図4.4に示す．非常に明瞭なナノ粒子が観察されているのがわかる．正しい計測値を得るためには，観察時に必ず装置を校正する必要がある．また観

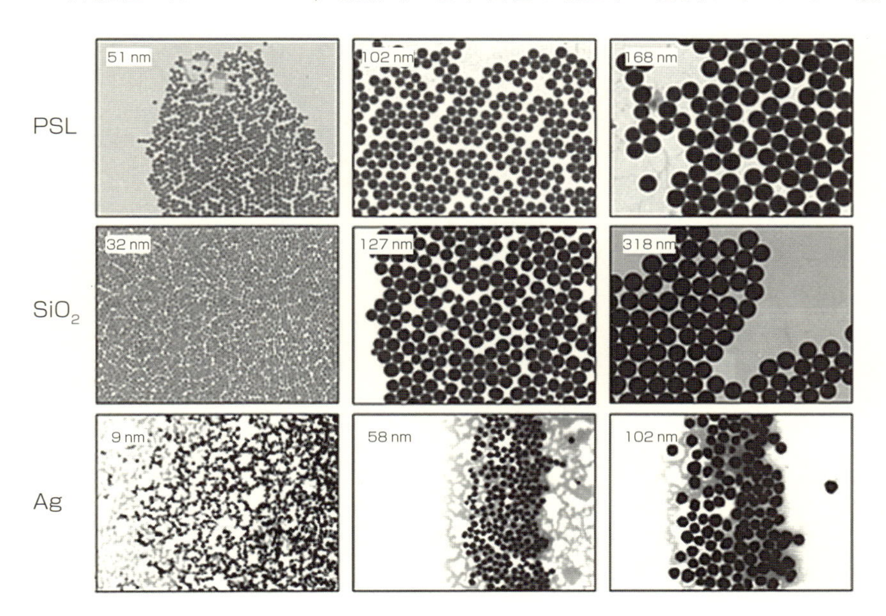

図 4.4 TEMによるPSL，SiO_2およびAgナノ粒子の観察例

重い元素のナノ粒子では濃く明瞭に，軽い元素では薄く見える．

表 4.2　TEMの計測倍率とピクセルサイズの関係

材料	DLSによる径	加速電圧(kV)	ビーム電流	スキャンスピード	倍率	画面解像度(px)	ピクセルサイズX(nm/px)	ピクセルサイズY(nm/px)	ピクセルサイズ/径(%)
PSL	51	30	4	7	×70 k	2560×1920	0.78	0.763	1.50
	102				×70 k	2560×1920	0.78	0.763	0.75
	168				×70 k	1280×960	1.558	1.507	0.90
SiO_2	32	30	4	7	×70 k	2560×1920	0.78	0.763	2.38
	127				×70 k	1280×960	1.558	1.507	1.19
	318				×35 k	1280×960	3.112	3.049	0.96
Ag	9	30	4	7	×200 k	2560×1920	0.269	0.262	2.91
	58				×70 k	2560×1920	0.78	0.763	1.32
	102				×70 k	2560×1920	0.78	0.763	0.75

画像のピクセルサイズが取得した画像の解析精度に影響を与えるため，ナノ粒子の材料や寸法によって観察条件を最適化することが必要.

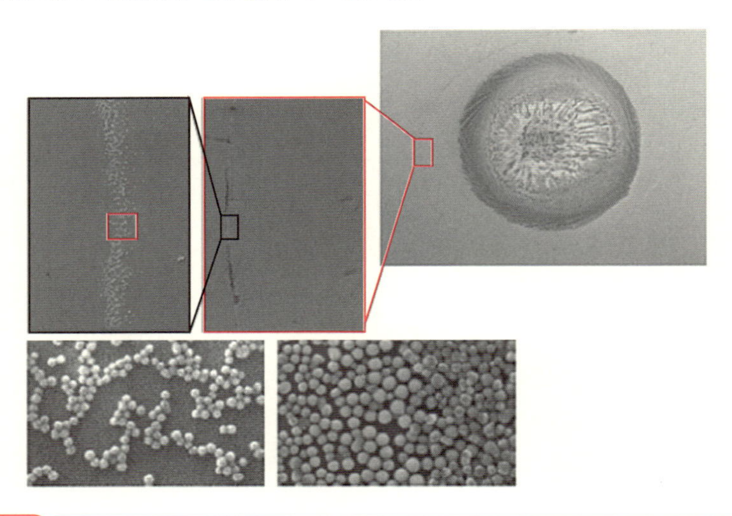

図 4.5　SEMによるナノ粒子の観察事例

基板上に展開された液滴に含まれている粒子が蓄積したリングが形成されている.
下図は左上図の赤で囲まれた部分の拡大図である.

察倍率とピクセルサイズの関係も，正確な観察を行う上で重要となる．観察倍率に対応するピクセルを選択しないと，計測誤差が大きくなる．計測倍率とピクセルサイズの関係を表 4.2 にまとめた.

次に SEM によるナノ粒子の観察事例を図 4.5 に示す．基板上に展開された

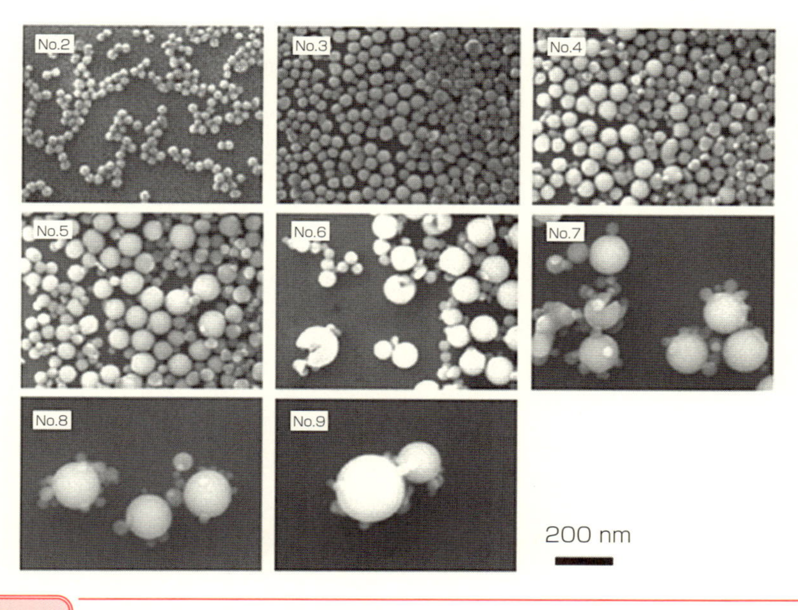

図 4.6　SEM による SiO_2 粒子の観察例

サンプル No. は表 4.3 と対応している.

ナノ粒子が同心円上に乾固しているのがわかる．図 4.6 には典型的な SiO_2 の SEM 観察像を示す．図 4.4 の TEM 像では白黒濃淡のコントラストとして得られたナノ粒子は，陰影のある立体的な像として見ることができる．これは撮像原理からくる違いで，TEM が透過像であるの対して，SEM はナノ粒子からの二次電子の反射などを検出することに起因する．SEM 観察も，TEM 観察と同様に，観察倍率とピクセルサイズの関係が重要になる．表 4.3 に SEM 観察倍率とピクセルサイズの関係例を示す．TEM，SEM 観察で得られた画像から粒子解析を行う方法を次に述べる．

4.4.3 TEM，SEM 粒子解析

TEM，SEM 法では得られた画像からナノ粒子を抽出し，その寸法を計測する．画像から粒子を抽出する方法はさまざまあり，現在ではナノ粒子画像を分割して計測する方法も検討されている．その中から適宜最適な方法が選択され

表 4.3 SEM 観察倍率とピクセルサイズの関係

サンプル No.	材料	加速電圧 (kV)	ビーム電流	スキャンスピード	倍率	画面解像度 (px)	ピクセルサイズ X (nm/px)	ピクセルサイズ Y (nm/px)	備考
1	SiO_2	5	4	7					No particle
2					×140 k	2560×1920	0.34	0.33	
3					×100 k	2560×1920	0.47	0.46	
4					×100 k	2560×1920	0.47	0.46	
5					×100 k	2560×1920	0.47	0.46	
6					×70 k	2560×1920	0.67	0.67	
7					×50 k	2560×1920	0.95	0.92	
8					×50 k	2560×1920	0.95	0.92	
9					×50 k	2560×1920	0.95	0.92	
10									No particle

サンプル No. は図 4.6 と対応している．TEM 同様に画像のピクセルサイズを考慮しないと，取得した画像の解析精度に影響を与える．このためナノ粒子の材料や寸法によって観察条件を最適化する必要がある．

る．ここでは代表的な 3 種類の方法について詳しく述べる．

(1) パターンマッチング (pattern matching) 法

ナノ粒子の画像のエッジを検出して得られた円状のエッジに円形状を重ね合わせ，最も近い円形の数値を抽出する．円中心とエッジの各点の距離に最小二乗法を適用し，円中心の位置 (x, y) と粒子径 d を決定することによって，ナノ粒子径を得る方法である．

図 4.7 に SEM によるパターンマッチング法を示す．元画像図(a)からまずエッジを検出する．エッジ検出法にもさまざまな方式があるが，一般的には輝度勾配の極大点をエッジとして検出する Canny 法が用いられることが多い[6]．Canny 法によってエッジ検出したものが図(b)である．得られたエッジに円形状を重ね合わせ，図(c)に示すとおり円中心の位置と粒子径を得る．

この方法は非常に簡便である一方，元データのエッジが不明瞭な場合にはエッジの検出が困難であるため，ナノ粒子計測には適さない場合がある．特に軽元素材料のナノ粒子の場合がこれに当たる．

(2) ハフ (Hough) 変換法

デジタル画像処理で古くから用いられている方法であるハフ変換法は直線検

(a) 元画像

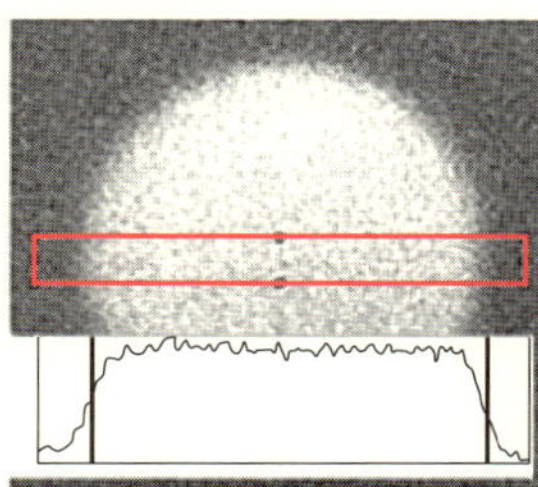

(b) エッジ検出

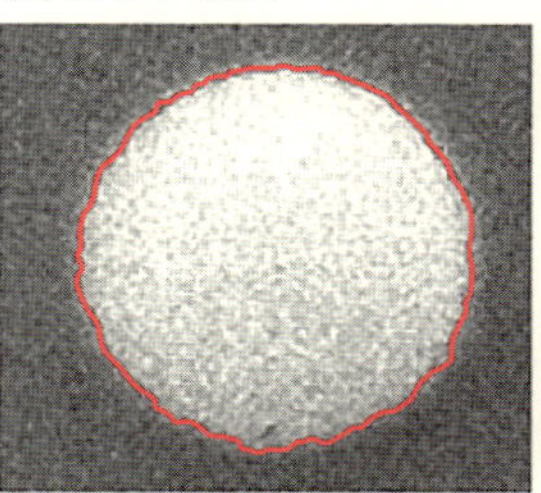

(c) 測定結果

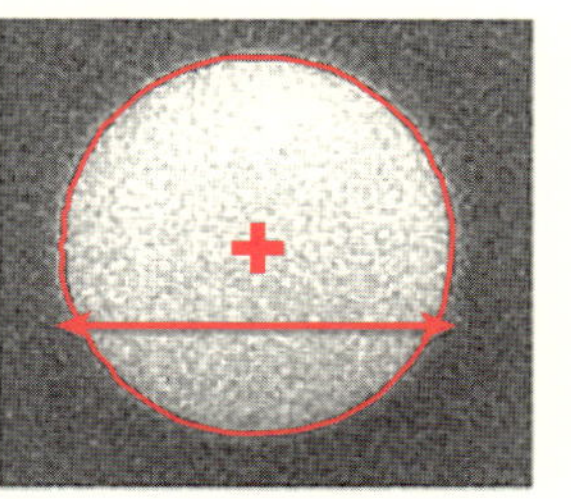

図 4.7　パターンマッチング法による粒子径の決定

SEM によるナノ粒子画像(a)から Canny 法によりエッジを検出し(b)，得られたエッジに円を重ね合わせて粒子径を得る(c).

出法として知られ，一般化されて現在ではさまざまな形態検出に対応した変換法として使われている[8)9)]．ナノ粒子解析にハフ変換法を適用する（円などの図形をパラメータ空間へ射影して求める）場合，下記に示す誤差要因があるので注意する．

①元画像のノイズ

ノイズとなる点が多数ある場合，仮想した直線としてノイズを検出してしまう場合がある．

②画像のピクセルサイズ

画像はデジタル処理されているので，ピクセルにしたがって整数の座標をもつ．一方でハフ変換法の計算式は（整数だけではなく）連続性をもつアナログである．この差から，ピクセルが大きい画像の場合には円として検出されない場合がある．したがって，適正なピクセルでの観察が重要になる．

③検出対象粒子の粒子径が接近している場合

ハフ変換法では，①②の誤差の結果，同一径をもつ粒子でも複数の径（円）の粒子として結果が得られる場合がある．このため，通常径の近い粒子（円）を得た場合には，サイズの近い粒子径（円）の候補を削除する（一つに絞り込む）処理が行われる．この処理のために，逆に，実際に接近した径（円）をもつ粒子が存在する場合には正しい粒子径（円）を検出できない弊害が生じる．

なお，上記の欠点に加えて，ハフ変換法は非常に多くの計算を要することが従来問題とされてきた．しかし現在はコンピュータの演算処理とメモリーの進化によって計算速度は格段に向上しており，多くの場合問題にはなっていない．

(3) 平均値シフト (mean shift) 法

平均変異法ともよばれる平均値シフト法は，ピクセルの輝度値を判定し近いと認識した場合には同じグループとしてエッジを検出する領域分割法である．すなわち，たとえばSEM画像のエッジのピクセルとその近傍のピクセルの輝度値（ガウス値など）を比較して，類似の場合には同じグループと判定し同一のラベルをつける．ピクセルごとにこの処理を繰り返すことによりナノ粒子のエッジを抽出する．数学的な内部処理としては文献を参照されたい[10]．

これらの方法を用いてTEM像とSEM像から解析した結果をそれぞれ図4.8と図4.9に示す．プロファイルで示したとおり，同じ画像から解析しても解析手法によって得られる値が異なる．粒子の観察像の濃淡およびナノ粒子エッジの観察状況などによってはエッジの内側・外側のどちらを基準にするかなどの既知試料による観察を事前に行って解析条件を定めるのが望ましい．これらの解析手法は，フィルターの強化などの技術開発によって，より精度の高い解析が可能となっている．

TEM，SEM は観察条件によって画像の見え方が違うときがあるよ．
基準試料で見え方をいつも同じにすることも誤差を小さくする工夫の一つなんだ．

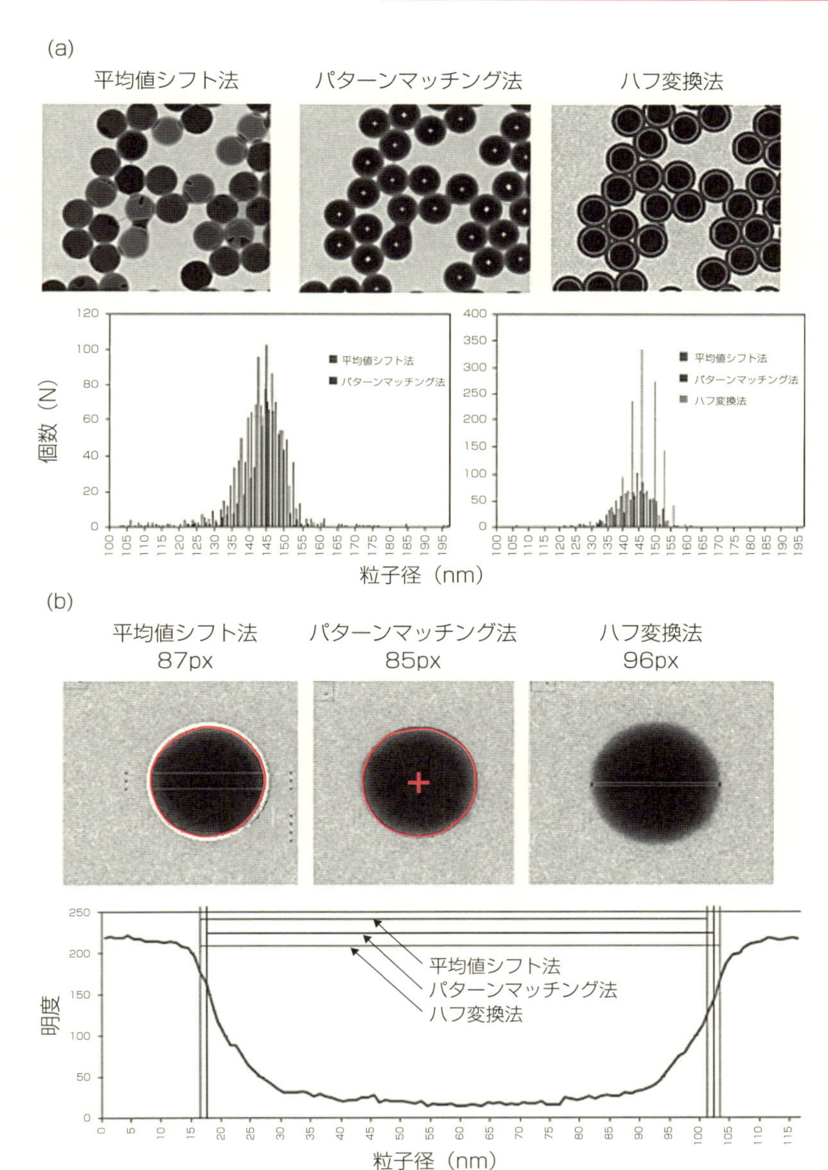

図 4.8 **TEM による平均値シフト法，パターンマッチング法とハフ変換法での解析例(a)と，エッジ検出による寸法比較(b)**

TEM の場合には，軽元素のナノ粒子ではエッジ部が不明瞭になるため，誤差が生じることに注意する.
口絵 5 参照

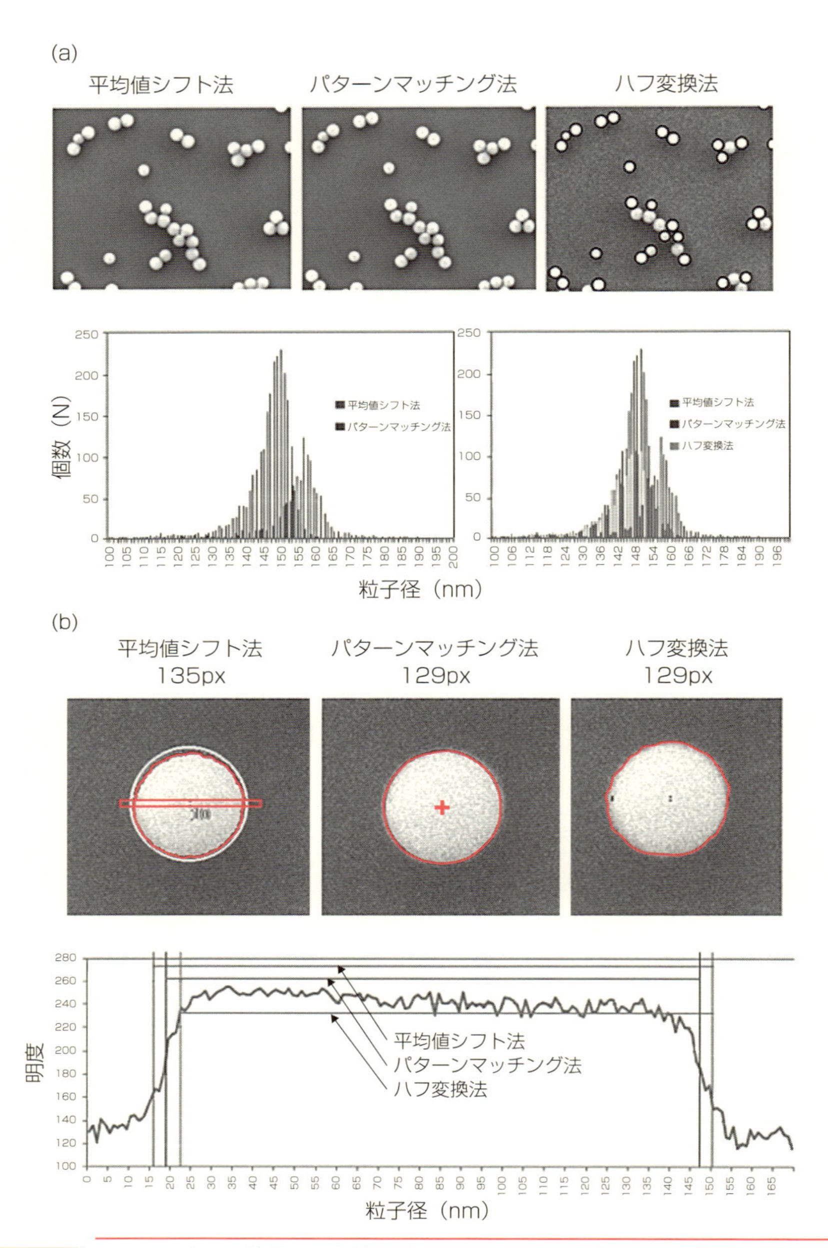

図 4.9 SEM による平均値シフト法，パターンマッチング法とハフ変換法での解析例(a)と，エッジ検出による寸法比較(b)

口絵 6 参照

4.5 AFMによる計測例

4.5.1 サンプリングと基板への展開

AFMによるナノ粒子計測の手順は基本的にTEM，SEMと同様である．計測手順を図4.10に示す．大きな粒子の下に小さな粒子がもぐりこむ隠蔽の防止から分級の要否が分かれる．分級しないで計測できる場合は，基板上に完全孤立粒子が得られる場合と，複数の粒子が凝集して存在しても最小のナノ粒子高さ（径）が最大のナノ粒子高さ（径）の約70％程度以上（小さなナノ粒子が大きなナノ粒子の下に潜り込まない）の場合である．

分級によって分画されたナノ粒子懸濁液から基板に展開しそれぞれの分画ご

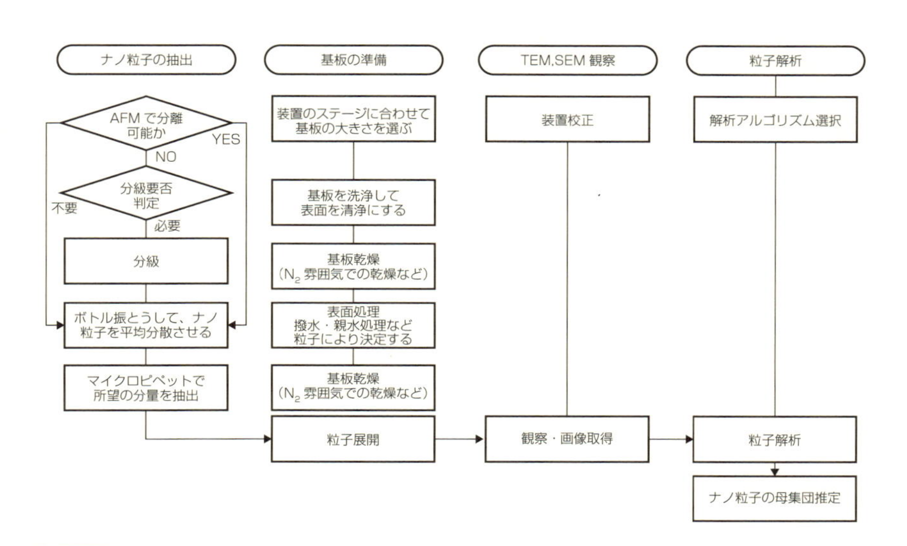

図4.10 AFMによるナノ粒子計測手順

とに平均粒子径とその分布を計測する．なお，分画された試料の計測結果から元試料の分布を求めるための再構成には各分画内でのナノ粒子の濃度とその体積情報が必要である．AFM を用いたナノ粒子計測で求められる一般的な展開の条件として以下の 4 項目に注意すべきである．

①粒子密度

たとえば，3～1 μm 画郭に対し

・母集団の粒子構成比率を推定する場合の密度は 300～400 個

・母集団の平均粒子径を推定する場合の密度は 100～300 個

を目安にする．

②付着力

試料に間欠的に探針が接触するダイナミックフォースモード（DFM，タッピングモードとよぶこともある）で計測するなど，粒子が移動しない計測条件を選ぶこと．試料に常時探針が接しているコンタクトモードでは相互作用がより強いため観察中に粒子は移動してしまう．

③計測領域（計測画郭）

計測画郭内に粒子以外の基板面が観察されるように画郭を選ぶこと．比率の例としては一般的に計測画郭全体に対して 30% 以上基板面があることが望ましい．

④不純物による汚染

基板表面や展開後の粒子表面を汚染物が覆わないこと．AFM ではごく薄い透明被覆膜や分散剤であるごく微量の界面活性剤の残渣でも計測の誤差要因になる．

展開方法としては，懸濁液を基板に滴下し乾燥させて粒子を展開する液滴展開法が基本である．分散状態を制御するために，液滴展開の応用として電解をかけたり，真空環境で展開したり（真空凍結法），インクジェットのようにナノドロップを基板に噴射したり（マイクロ波液滴滴下法），さらには基板の温度を変えることもある．気相分級による展開は AFM 観察において，孤立粒子が得られる，分散剤などの不純物の影響がないなど計測に適している反面，別途気相分級装置が必要であり，さらに基板への展開密度の制御が難しく，試料

(a) 0.1wt%

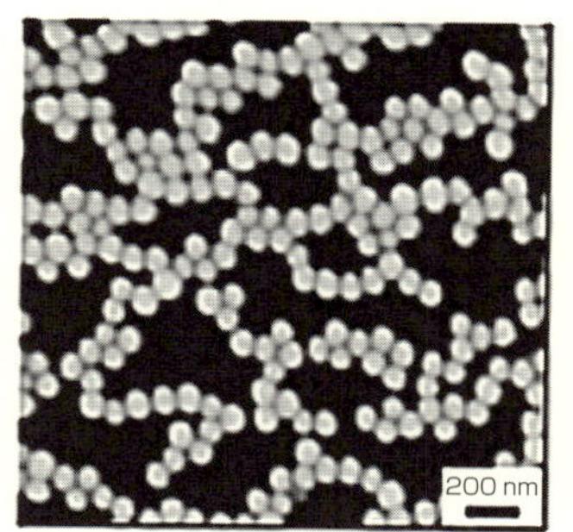

(b) 0.01wt%

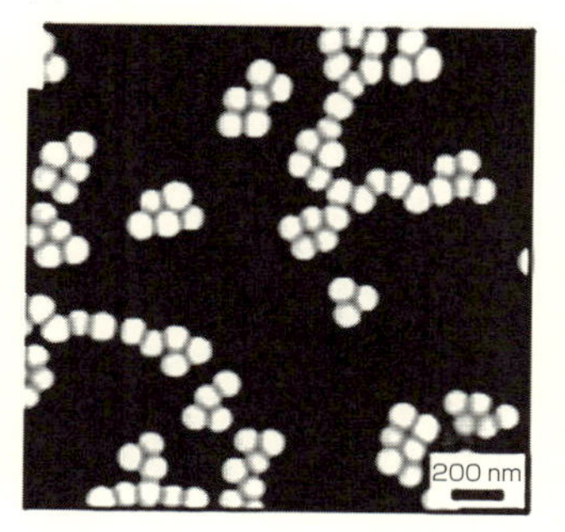

図 4.11　PSL 粒子懸濁液から作成された試料の AFM 像

完成までの時間が長くかかるため一般的ではない．以下では液滴法と真空凍結法について詳しく述べる．

(1) 液滴法

大がかりな設備を必要としない液滴法についてまず解説する．粒子を含んだ懸濁液は，濃度を調整するために純水で希釈され基板上に展開される．この際，懸濁液中の粒子濃度（mg/mL）から，基板に展開した時の密度（粒子数／μm^2）を推定する必要がある．PSL を用いた懸濁液の希釈と粒子密度の変化の一例を，図 4.11 に示す．

AFM で用いる基板表面は，平坦であることと同時に，粒子を展開するための表面の清浄化と固定のための表面処理が重要である．シリコン基板を用いた場合の基板表面の清浄化洗浄については，一般的な精密洗浄技術や半導体製造における RCA 洗浄技術を参照されたい[11)]．

シリコン基板の最表面処理のさまざまな方法の中で，HMDS 処理といわれる表面改質処理方法について詳述する．HMDS とは hexamethyldisilazane（ヘキサメチルジシラザン）の略で，半導体洗浄プロセスで確立された安価でかつ簡便に行える処理の一つである．処理プロセスは次の手順となる．

①シリコンウエハーのカット

ダイシング・ソーによるダイシングまたはダイヤモンドカッターで，ス

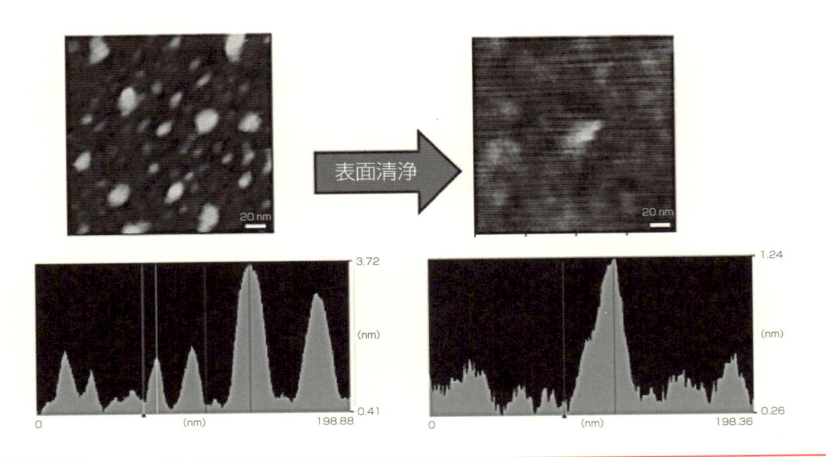

図 4. 12　シリコン基板に HMDS 処理を施す前後での AFM 観察例

テージの大きさに合わせてシリコン基板に傷をつけて，基板をカットする．この際に特にシリコンのフレークが表面に付着しないように注意する．細かいフレークは洗浄しても残渣として残ってしまうからである．

②基板の洗浄

RCA 洗浄（またはビーカーによる洗浄）では，アセトンで洗浄→アルコールで洗浄→純水による洗浄→乾燥の手順を追う．

③疎水化表面処理 HMDS（hexamethyldisilazane）処理

シリコン表面にある水素終端とメチル基（$-CH_3$）を結合させるために行う処理であり，疎水化表面処理によりシリコン表面を疎水性にする．この化学終端処理によってシリコン表面が均一に改質される．シリコン基板に HMDS 処理を施した例を図 4. 12 に示す．HMDS 処理で均質な平坦化された基板表面が得られることがわかる．

液滴展開法で HDMS 処理したシリコン基板表面にナノ粒子を展開する事例を図 4. 13 に模式的に示した．基板上にマイクロピペットで液滴（1～10 μL 程度）を滴下する．液滴は基板の表面張力によって接触角 θ 1，半径 d_0 でシリコン基板に半球状に広がり，蒸発に伴って接触角 θ 2，半径 dp（$\theta 1 > \theta 2$，$d_0 > dp$）

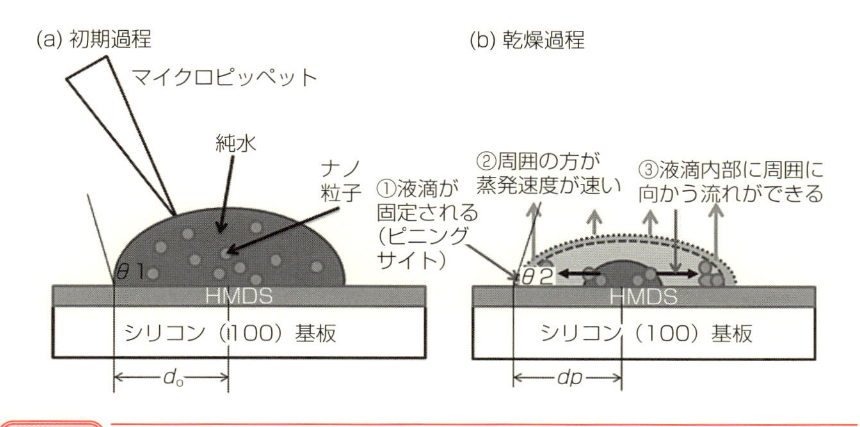

図 4.13　液滴法による基板展開の状態図

(a) 初期過程：基板と粒子によって接触角 θ，初期漏れ径 d_0 が異なる．
(b) 乾燥過程：ピニング=>デピニング=>ミクスチャー過程を通常とるが，粒子濃度や種類によってピニング=>ミクスチャー過程となることもある．
出典：ナノ計測ソリューションコンソーシアム（coms-nano）ホームページ

の粒子が固定されるきっかけの部分（ピニングサイト）でトラップされて，液滴に含まれている粒子が蓄積したリングが形成される．液滴の周辺部の方が溶液の蒸発が早いため，液滴内部から外側に向かって流れが発生し，この流れに粒子が運ばれリング状に蓄積する．さらに蒸発が進むことにより，ピニングが外れ（デピニング）液滴中心部には溶液中に最後まで溶けていた物質が析出する（ミクスチャー）．液滴の量にもよるがこのピニング／デピニングは最終的なミクスチャーまで数回繰り返しながら完全な乾燥に至る．図 4.14 は HMDS 処理したシリコン基板上に展開した 100 nm 径の PSL 粒子の AFM 観察像である．液滴乾燥後の各部位における PSL 粒子の分布状態を示している．このように液滴乾燥後の部位によって粒子密度勾配が生じる．顕微鏡観察法では観察部位を選択することによって各計測に最適な粒子密度を得ることも重要である．

(2) 真空凍結法

真空凍結法は滴下したナノ粒子を含んだ液滴の水分を瞬間に乾燥させるため，基板上でのナノ粒子の密度を均質に保つことができる．図 4.15 に真空凍

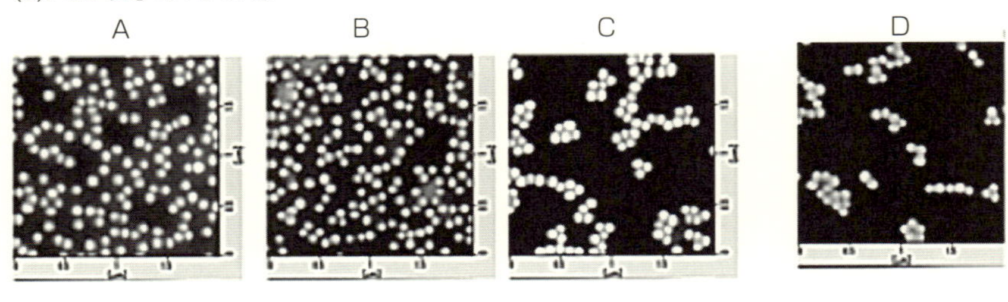

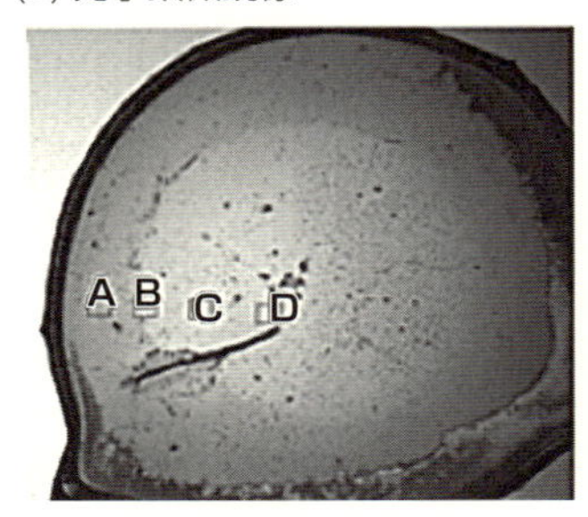

図 4.14 液滴法で基板に展開した PSL 粒子の分布状態

結法による液滴の光学顕微鏡像と AFM による計測結果の例を示す．均質になることを確認するために，この例では，異なる粒子径をもつナノ粒子（粒子径 70 nm と 100 nm の PSL 粒子）を混合した液滴を基板に展開している．それぞれの部位 3 か所を AFM で平均粒子径と分布を比較した．計測データのとおり，それぞれの各部で平均粒子径と分布が一致しているのがわかる．このように真空凍結法による展開法は均一な液滴を得ることが可能な展開方法である．また，この事例は AFM の利点である異径ナノ粒子の同時計測であり，ほかの計測方法では困難な計測による分級が可能であることをよく示している．

4.5.2 AFM 計測

AFM 計測では機器のスキャナーの校正と使用する探針（マイクロカンチレバー）の形状評価と補正が重要である．スキャナーの校正には，国際標準にト

(a) 光学顕微鏡像

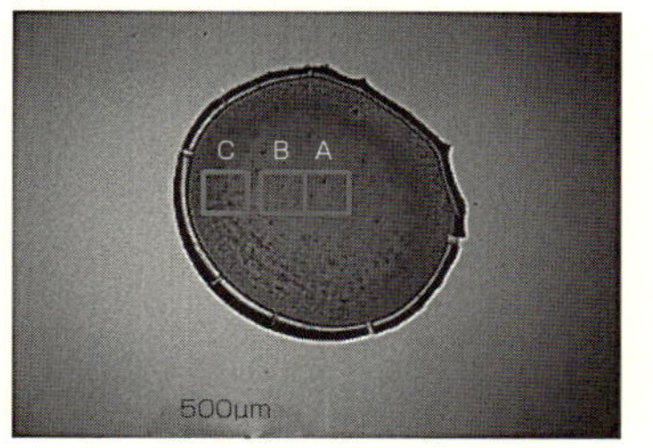

(b)HMDS 上の PSL 粒子の（左）粒子径ヒストグラムと（右）AFM 像

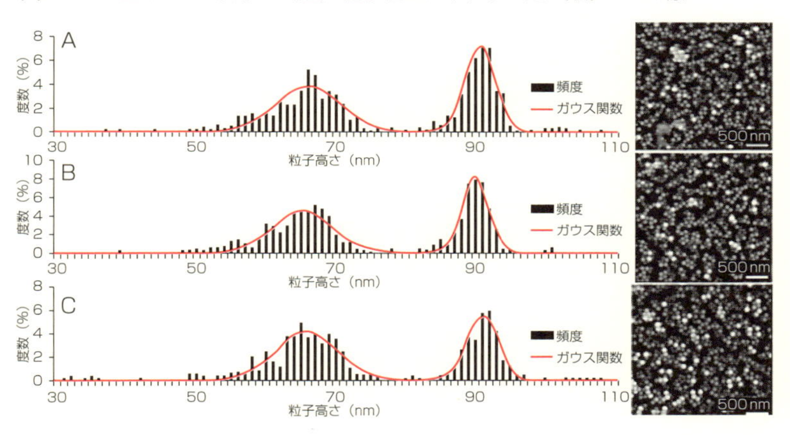

図 4.15 真空凍結法による液滴の(a)光学顕微鏡像と(b)AFM による計測例

レーサブルな（遡及できる）校正用標準試料が用いられる．標準試料を用いてスキャナーの X–Y–Z を校正することにより正確な計測値を得ることができる．同様に探針の形状評価（校正）も AFM による計測における重要な項目である．AFM は探針の先端を試料に接触させながら形状を取得するという原理から，探針の形状が観察形状に影響を及ぼす．これは電子ビームを探針とする TEM，SEM では一般的には考慮しないため，AFM を用いた計測に固有の校正である．

AFM 計測はさまざまな計測条件を設定する必要があり，設定値が最適化されていないと，過剰な力で観察した場合粒子が動いてしまう，弱い力で計測した場合には正しい高さや形状を取得できない，などの問題が生じる．一見綺麗

表 4.4　AFMの計測条件設定例

※日立ハイテクサイエンス社製　AFM 5400 L での計測条件の設定例

<table>
<tr><th colspan="2">設定項目</th><th>設定値等</th></tr>
<tr><td colspan="2">計測モード</td><td>DFM モード</td></tr>
<tr><td colspan="2">カンチレバー</td><td>ばね定数　20 N/m
共振周波数　120～130 kHz</td></tr>
<tr><td>計測条件</td><td>カンチレバー条件</td><td>共振振幅　約 100 nm
振幅減衰率　10～20%</td></tr>
<tr><td>画像取得条件</td><td>画郭，ピクセル，ラインの条件選択</td><td>計測時の高さエラー値が 0.5% 以下になるように画郭，ピクセル，ラインを設定する．</td></tr>
<tr><td rowspan="3">走査条件</td><td>走査速度</td><td>0.6～1.0 Hz／ライン</td></tr>
<tr><td>PID 定数の調整</td><td>粒子を往復ライン走査し，両走査ラインの形状と重なりで判断する．</td></tr>
<tr><td>PID 定数の調整法</td><td>往復が同じ形になるように調整する．</td></tr>
<tr><td colspan="2">取得画面数（計測箇所＝枚数）</td><td>元粒子（母集団）の分布が推定できる最少必要個数に達する画面数を計測する．</td></tr>
</table>

※PID：比例，積分，微分制御（フィードバック制御）

な画像が取得されていても，このような現象が生じていることがあり，AFM観察における条件設定の設定には十分注意が必要である．日立ハイテクサイエンス社製 走査型プローブ顕微鏡（AFM 5400 L）[12]を用いた際のナノ粒子計測の計測条件設定の例を表 4.4 に示す．計測の際の参考にされたい．

4.5.3
AFM 粒子解析

AFM 計測における解析と SEM，TEM による解析の大きな違いは，取得されている画像が三次元であることであり，真の高さデータを用いた解析が可能なことである．SEM，TEM では，画像をガウシアンなどの濃淡に色付けした仮想の三次元画像に変換することが一般的に行われているが，この濃淡は実際の形状を示すものではない（したがってこれらのデータを計測に用いることはできない）．一方，AFM は探針で実際にナノ粒子をなぞりながら高さを輪郭として取得するため，得られるデータは高さ情報を含む三次元データである．

AFM での粒子計測は，多くの場合に，基板面を基準として粒子最高点の高

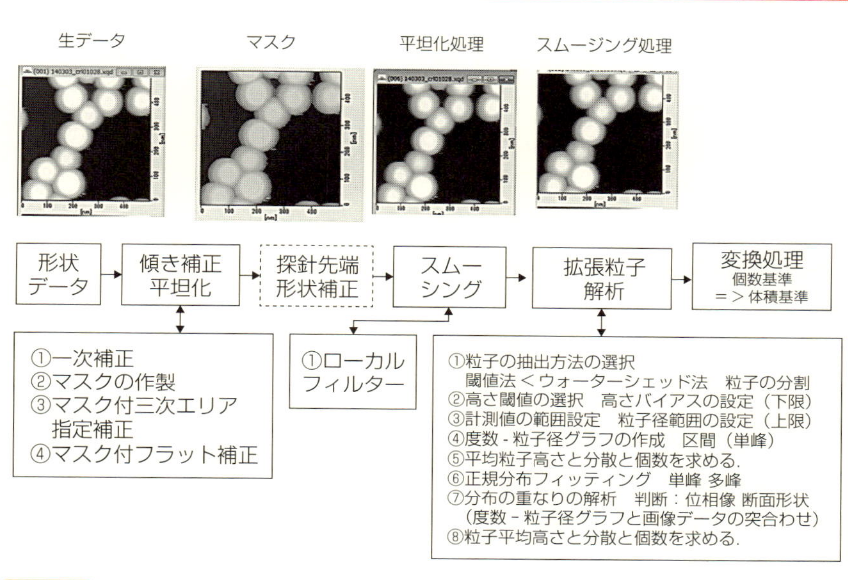

図 4. 16　AFM による観察から解析までの流れ

さを粒子径として計測する．この理由は計測値に探針形状の誤差を含まず，デコンボリューションなどの補正を行うことなく計測が可能だからである．計測した画像をもとに粒子解析を行い，粒子の個数，平均粒子径，分布（平均粒子径標準偏差）を求める．市販されている AFM システムには多様な解析ソフトウエアがある．粒子解析を行う場合には AFM 画像の傾き補正の後に多峰粒子解析や粒子分布への正規分布フィッティングなど，粒子計測に特化した機能のソフトウェアが利用できる．AFM による観察からソフトウェアを用いた粒子解析までの流れを図 4.16 に示す．ナノ粒子の寸法と分布の解析ソフトウェアとしては複数の解析法が用意されているが，以下に代表例を示すように，すべて高さ情報を用いた解析法である．得られたナノ粒子画像の最高点を高さ情報（粒子径）として計測するために，基板面と粒子とが最適な割合で観察されている必要があり，粒子が密集している場合には計測が困難である．

(1) 閾値法（しきいち）

AFM で得られた高さ情報に対応した濃淡画像の各画素を二値化させ，ナノ粒子を分割（識別）する方法である．二値化の際に境界となる値（境界基準値）を「しきい値」とよぶ．この閾値を決める方法には，同一の高さの閾値ですべての画像を二値化する固定閾値法と，画像をいくつかのブロックに分けて各ブロックごとに最適な閾値を選択する可変閾値法がある．それぞれの閾値法に，さらにさまざまな解析モードがある．閾値法は，計測されたナノ粒子の画像が不明瞭であったり，極端に凹凸が少ない場合には良い閾値が得にくいため，計測イメージが不明瞭な場合には良い閾値が得にくい．閾値法を用いる場合には特に取得された画像の濃淡（高さ値の違い）が明瞭なデータを用いる．

(2) ウォーターシェッド (watershed) 法

この処理は領域分割の方法の一つで，画像の輝度勾配を山と谷に見立て，谷に流れる川を山で囲まれた領域で分割をする方法である[13]．

隣り同士のナノ粒子がつながっている場合，SEM，TEM では通常計測が困難である．一方，AFM ではウォーターシェッド法を用いることによって粒子を分離計測することが可能となる．この理由は AFM の計測データが高さを含む三次元計測値だからである．

最後に AFM を用いたナノ粒子計測の特徴，注意点をまとめておく．AFM では，正確にデータを取得するための試料調整と装置校正，探針計測とデータ補正が重要である．取得した画像の補正と粒子計測データの解析など，一連の作業をすべて整えて初めて信頼性のあるナノ粒子計測が実現できる．

AFM は大気計測環境以外に，真空環境，液中環境での計測が可能であり多様な環境下でのナノ粒子計測が期待できる．さらに硬さや電気伝導度など，形状以外の各種物性情報を取得できる点がほかの計測方法と異なる．従来のナノ粒子計測では困難な寸法・個数計測との同時物性計測など材料物性解析や材質による分離などさまざまな応用が期待されている．

参考文献

1）K. Murata, T. Matsukawa, R. Shimizu : *Jpn. J. Appl. Phys.*, **10**, 678（1971）
2）村田顕二：ぶんせき，**2**，53（1981）
3）R. D. Deegan *et al.* ： *Nature*, **389**, 827–829,（1997）
4）R. D. Deegan ： *Phys. Rev. E*, **61**,（2000）
5）R. D. Deegan *et al.* ： *Phys. Rev. E*, **62**,（2000）
6）J. Canny : *IEEE Trans. Pattern Anal. Machine Intell.* **8**, 679–714,（1986）
7）T. J. Atherton, D. J. Kerbyson : *Image and Vision Computing*, **17**, 795–803,（1999）
8）H. K. Yuen *et al.* ： *Image and Vision Computing*, **8**, 71–77,（1990）
9）E. R. Davies : *Machine Vision : Theory, Algorithms, Practicalities.* 3 rd Edition. Chapter 10. Morgan Kauffman（2004）
10）D. Comaniciu, P. Meer ： *In Proceedings of the 7 th IEEE International Conference on Computer Vision*, **2**, 1197–1203（1999）
11）W. Kern ： *J. Electrochem. Soc.*, **137**, 1887–1892（1990）
12）日立ハイテクサイエンス：走査型プローブ顕微鏡　https : //www.hitachi-hightech.com/jp/science/products/microscopes/afm/unit/afm 5400 l.html
13）L. Vinsent, P. Soille : *IEEE Trans. Pattern Anal. Machine Intell.* **13**, 583–598（1991）

三次元形状が得られるのは AFM の良い点だけど，X，Y は探針の形状の影響を受けて大きくなることに注意が必要だね．

高さ情報以外は標準試料で探針の大きさを補正する必要があるよ．

Chapter 5 回折・散乱を利用したナノ粒子の計測例

可視光やX線など電磁波を利用した粒子径解析では，電磁波の波動性を積極的に利用する評価方法として，X線回折法（XRD），小角X線散乱法（SAXS），動的光散乱法（DLS）などがある．本章では，これらの回折・散乱法を利用した粒子径解析法について解説する．

5.1 X線回折法（XRD）による結晶子サイズ分布評価法

結晶子とは粒子中において原子配列が規則的（＝単結晶領域）とみなせる領域と定義される．一般的に，粒子は1個以上の結晶子の集合体であり，それぞれの結晶子の大きさは異なる場合が多い（図5.1）．凝集・会合状態や分散状態に関わらず，一次粒子径に関する情報が得られるこの方法は，ここでは結晶子サイズの評価として一般的に利用されるシェラー（Scherrer）法（結晶子サイズを均一と見なして解析する方法）と，結晶子の大きさにサイズ分布を仮定して解析する方法（結晶サイズ分布評価法）を紹介する．

(1) シェラー法

結晶子サイズの評価法として古くからシェラーの式が知られている[1)]．図5.2に示すような回折線の半値幅をβ（度），回折角を2θ（度），X線波長をλ（nm），Kをシェラー定数（計測条件により異なる）とすると，結晶子サイズDは次式で求められる．

$$D=K\frac{\lambda}{\beta\cos\theta} \tag{5.1}$$

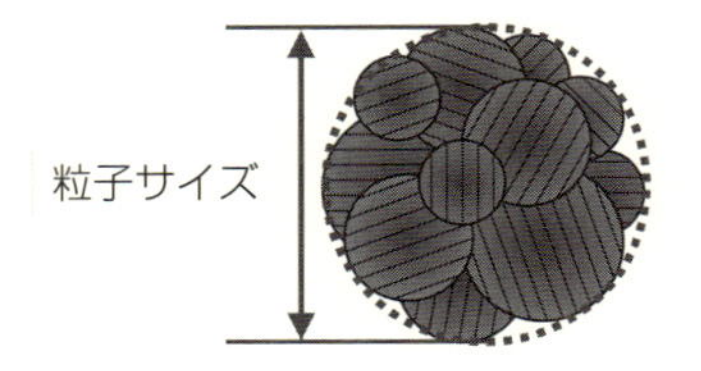

図5.1 粒子と結晶子の模式図

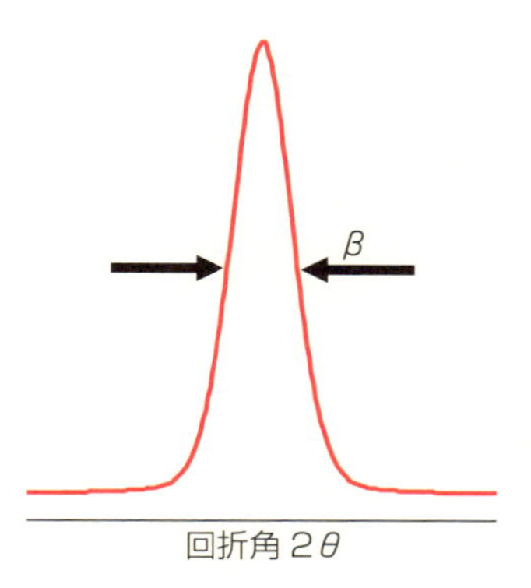

図 5.2 回折線とその幅の模式図

このときにいくつか仮定をおいて解析しなければならないことに注意する必要がある．たとえば，この解析モデルを使用する場合，対象とする結晶格子の歪みがないものと仮定しなければならないことや，装置関数の影響を見積る必要があること，結晶子形状が球状であることなどである．簡便な方法ではあるが，信頼性の高い解析結果を得るにはこれらの注意点に留意して使用しなくてはならない．

(2) 結晶子サイズ分布評価法

シェラー法では，原理的に結晶子サイズに分布がある場合には適用範囲外であったが，結晶子サイズに分布があることを前提に解析を行う結晶子サイズ分布評価法が開発されている[1)]．図 5.3 のように，ある回折線に着目し，その形状から結晶子サイズの分布を推定するものである．特に，検量線の作成や試料に対する前処理などが不要であり，平均情報の取得や迅速評価などで威力を発揮する．

一般的に，結晶子サイズが大きい場合には回折線の幅は狭くなり，小さい場合には広くなる．一方，結晶子サイズ分布の情報は，回折線の幅だけではなく回折線の形状に現れる．結晶子サイズ分布評価法は，このように回折線の幅と形状に着目して結晶子サイズ分布の評価を行う方法である．理論的背景などの詳細については本書の内容を超えるため，興味がある読者は参考文献 2 を参照して頂きたい．

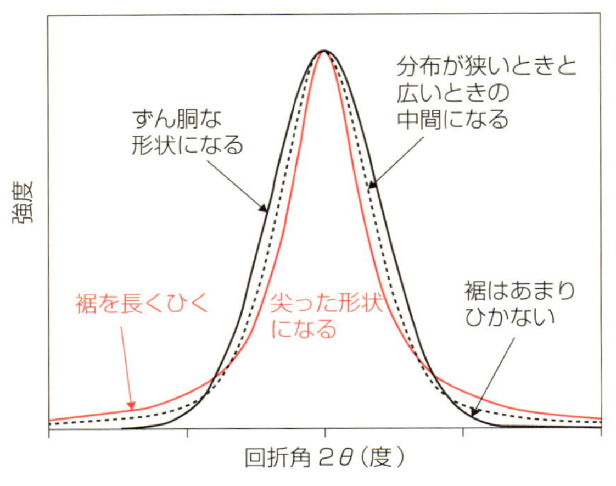

図 5.3 回折線の形状と結晶子サイズ分布の関係の模式図

X 線回折法は生命にとって重要なタンパク質の構造決定にも役立っているよ.
また，微量成分の成分分析にも使われているんだ.

5.2 小角X線散乱法（SAXS）による粒子径解析法

小角X線散乱法では，大きなサイズの粒子からの散乱はより小さい散乱角に生じ，小さなサイズの粒子からの散乱はより大きな散乱角に生じる．また，小角X線散乱法によって得られる散乱強度は電子密度差の2乗に比例するため，分散試料において，会合体や凝集体，ネットワーク構造などの高次構造形成が疑われる場合にはデータの処理や解析モデルの選択に注意が必要である．

小角X線散乱法によって粒子径分布を解析する方法がいくつか提案されている．ここでは，粒子径分布に単峰性が強く，比較的分布幅が広くても粒子径分布解析を行うことができるモデルフィッティング法を紹介する．

個数ベースでの粒子径分布 $g_{\mathrm{num}}(r)$ をもつナノ粒子からの散乱強度 $I(q)$ は次式のように計算される．

$$I(q)=N\int_0^{\infty} P(q,r)g_{\mathrm{num}}(r)dr+c \qquad (5.2)$$

$$g_{\mathrm{num}}(r)=\exp\left(\frac{(r-\bar{d}_{\mathrm{num}}/2)^2}{2\sigma^2}\right)\Big/\int_0^{\infty}\exp\left(\frac{(r-\bar{d}_{\mathrm{num}}/2)^2}{2\sigma^2}\right)dr \qquad (5.3)$$

$$P(q,r)=\left(\frac{4\pi}{q^3}(\sin qr-qr\cos qr)\right)^2 \qquad (5.4)$$

ここで，散乱ベクトル $q=4\pi\sin\theta/\lambda$ であり，$\bar{d}_{\mathrm{num}}$ は平均粒子径，σ は粒子径分布の広がりを示すパラメータであり，解析ではナノ粒子の形状を球状と仮定した（式5.4）．また，粒子形状を球殻状や円筒状として計算することも可能である．式（5.2）を用いて，平均粒子径10 nmと100 nm，粒子径分布の多分散度（CV値）1%と10%の場合をシミュレーションした結果を図5.4～図5.6に示す．小角X線散乱による粒子径分布解析は，計測データに対して，平均粒子径とCV値をパラメータにして非線形最小二乗法を用いてフィッティング

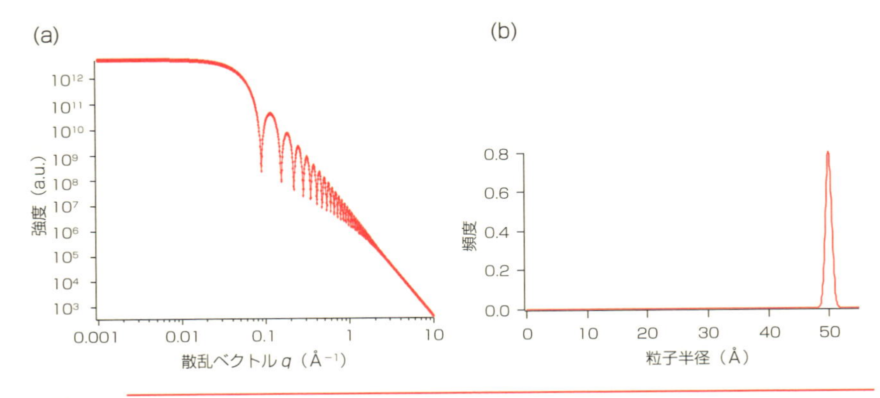

図 5.4 (a) 平均粒子径 10 nm，CV 値 1% の散乱データのシミュレーション結果，(b) 粒子径分布

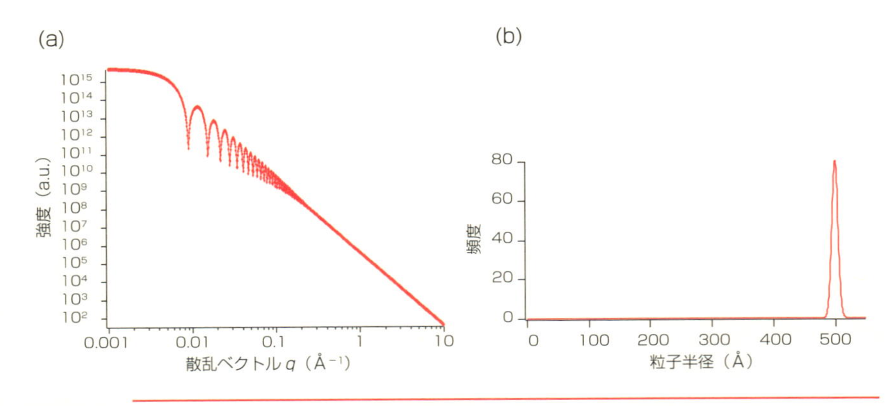

図 5.5 (a) 平均粒子径 100 nm，CV 値 1% の散乱データのシミュレーション結果，(b) 粒子径分布

することによって行われる．

5.2.1 小角 X 線散乱法の試料調整

小角 X 線散乱による粒子径分布計測では，対象試料は主に液体中に分散されたナノ粒子であるが，粉体でも計測・解析が可能である．ガラスキャピラ

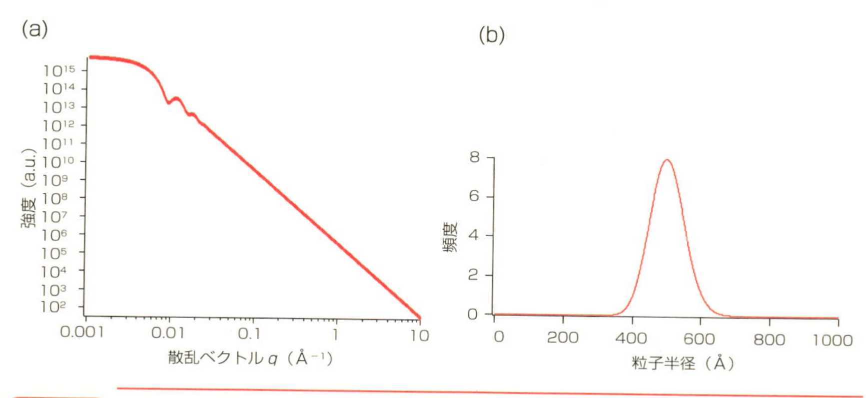

図 5.6 (a)平均粒子径 100 nm，CV 値 10% の散乱データのシミュレーション結果，(b)粒子径分布

リーや各メーカーが提供する専用の試料容器に適量を注入して計測を行う．必要試料量は数十マイクロリットル程度であり，X 線を効率よく透過し，かつ，それ自体から生じる散乱の小さい窓材が使用される（小角 X 線散乱計測用窓材については参考文献 3 を参照）．

試料容器を X 線の光路上に設置し，試料からの散乱を計測し，得られたデータを処理・解析する．ナノ粒子を分散した液相試料からの散乱データは，通常，ナノ粒子を分散していない分散媒のみの散乱の影響を試料透過率で規格化して取り除かなければならない．このデータ操作により，ナノ粒子のみからの散乱を得ることができ，適切な形状・粒子径分布モデルを仮定して，非線形最小二乗法などを用いてデータを解析することにより，ナノ粒子の形状や粒子径分布についての情報を得ることができる[4]．

ただし，小角 X 線散乱では，粒子 1 個からの散乱強度は体積の 2 乗に比例するため，電子密度を同一と仮定した場合，粒子径が 10 倍の粗大粒子 1 個は 10^6 個の小粒子からの散乱強度と等しくなる．よって，試料に極力粗大粒子が含まれないような前処理が必要となる場合がある．

5.2.2 小角 X 線散乱法の計測例

金属ナノ粒子の粒子径分布計測について説明する．金属ナノ粒子を溶媒中に分散，その後計測に適した試料容器を用いて散乱データを計測する．その際に，溶質濃度があまり高くならないよう注意しなくてはならない（粒子間干渉効果の影響を抑制するため）．図 5.7 に計測した散乱曲線を示す．計測データは，①溶質＋溶媒，②溶媒のみの 2 種類が必要であり，これらの計測データを溶質による吸収の影響を取り除くため，透過率を補正して差分（①－②）を計算することにより，溶質からの散乱のみを抽出することができる．

抽出された溶質からの散乱曲線に対して，適切な粒子の形状モデルと粒子径分布を仮定してフィッティングを行う．ここでは粒子形状として球形，粒子径分布としてガウス関数を仮定して解析を行った．図 5.8 に透過率を補正した差分計算（①－②）による溶質のみの散乱曲線に対してフィッティングを行った結果を示す．解析より，平均粒子径 29.05 ± 0.03 nm，CV 値 0.113 ± 0.001 であることがわかる．

X 線は物質の電子密度分布を感じて散乱・回折を生じているよ．
X 線から見れば，物質はモノトーンのようにも見える，ということ．
ここに「色」を付けるためには「異常分散」という現象を使うんだ．
これはちょっと難しいのでもっと勉強したい人は調べてみよう．

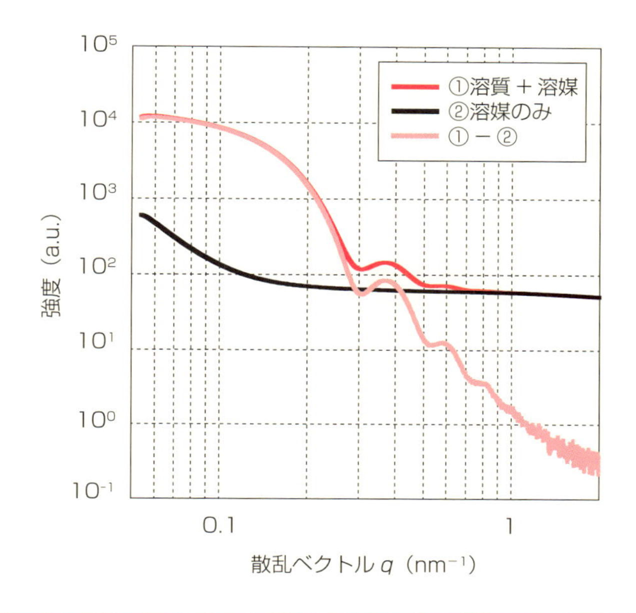

図 5.7　小角 X 線散乱による金属ナノ粒子溶液からの散乱

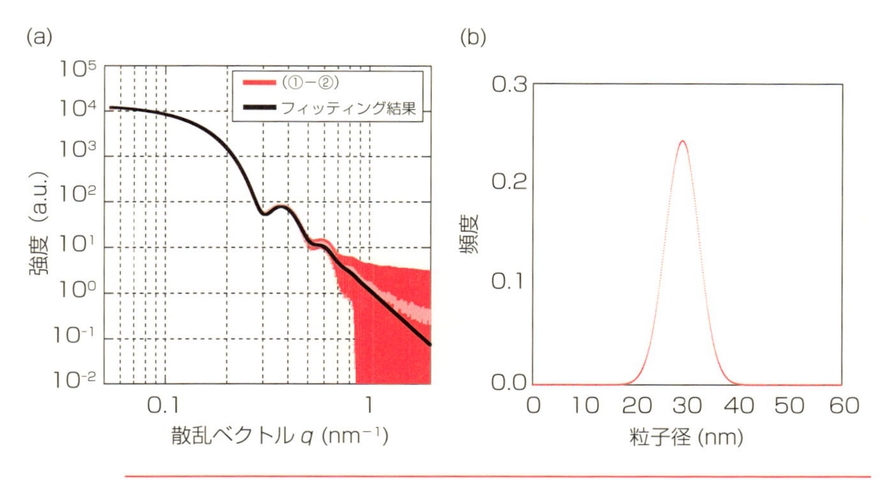

図 5.8　溶媒の寄与を差し引いた散乱曲線に対するフィッティング結果（a）と得られた粒子径分布（b）．粒子径分布にはガウス関数を仮定．

5.3 光による計測法

近年，各種波長の半導体レーザの発明やコンピュータの発達による演算スピードの向上により，短時間でのナノ粒子の粒子径算出が可能となっている．

光子相関法を用いた粒子径分布計測装置が，高分子，セラミックス，タンパク質など古くから研究開発されているナノ粒子から，研究開発が著しいナノバブル，ナノセルロース，ナノコロイド，ドラックデリバリーナノカプセルなどの粒子径解析に広く用いられるようになっている．動的光散乱法の原理は，1964 年に Pecora によって準弾性光散乱理論として提唱されている[5]．日本国内で最初の装置が開発されたのは 1983 年で，100 nm 程度で不純物が除去された粒子でなければ正確に計測できない，あるいは，コンピュータの演算処理能力などの制約から，粒子径分布ではなく平均粒子径の算出にとどまった，扱い方の難しい専門家のための装置であった．しかし 2000 年代に入ってから，半導体レーザの普及や演算処理デジタル技術の発達，検出器の高感度化に加えて，コンピュータ処理能力の向上に伴い，汎用装置でも 1 nm のシングルナノ粒子の領域の計測が可能となってきている．

光といえば，モルフォ蝶って知ってる？
モルフォ蝶の鮮やかな青色は微細なナノ構造による光の干渉によって生じている，という証拠が得られたのが 21 世紀に入ってからなんだ．
自然界の中にもナノの世界はたくさんあるんだね．

5.4 動的光散乱法

動的光散乱法は，液体中に浮遊分散しているナノ粒子のブラウン運動による拡散速度を計測することで粒子径を算出する．ブラウン運動とは，溶液中に存在する粒子が，分散媒の分子，たとえば水中の水分子の運動により押し出されるランダム運動のことである．

ある一定温度下で，粒子がブラウン運動している系にコヒーレントな光を入射させると，粒子の電子密度のゆらぎが生じ（エネルギー緩和の過程で）散乱光が発生する．この時，散乱体積中に存在するすべての粒子から散乱光が放出されることになるが，不規則な粒子の動きに起因した散乱光ゆらぎが発生する．つまり，検出する散乱光強度の変化は，粒子の位置の変化に起因しており，時間的に変動する位相を含んでいる．これを連続的に観測すると，遅れ時間，または遅れ周波数（ドップラーシフト）が求まる．解析方法は光子相関法と周波数解析法の 2 種類に大別される．いずれの方法も概略的には粒子にレーザ光を照射し，ブラウン運動する粒子からの散乱光を観測し，それぞれ自己相関関数や周波数強度分布に変換する．これらの関数に数学的演算処理を行うことで，粒子の拡散係数が得られ，拡散係数からストークス・アインシュタインの式によって粒子径が決定される．現在，市販されている装置の計測粒子径範囲は 1 nm 程度から数マイクロメートル程度，質量濃度で 1 L 当たり数ミリグラムから数十グラムと広い濃度範囲に対応できるようになっている．ただし高濃度懸濁液の場合，多重散乱，協同拡散，粒子間相互作用などによる制約が生じることに注意が必要である．さらに，後述する試料濃度の影響でも少し触れるが，1 μm 程度以上の粒子径をもつ粒子になると，沈降が無視できなくなる．

5.5 光子相関法

5.5.1 光子相関法の特徴

光子相関法では，あるサンプリング時間内に観測される光子数を連続して計測し，自己相関関数とよばれる光子数の変化率と経過時間との相関関係を得る．この相関関係は，ある時点と一定時間（遅れ時間とよぶ）経過後の物理量にどれだけ相関があるかを表す関数であり，完全に同じ状態であるときは1，まったく違う状態のときは0となり，通常の自然現象では1から0に指数関数的に減衰する．ここで大きな粒子の場合は，ブラウン運動による動きが緩慢であるため，光子数の変化が緩やかであり，相関関数は容易には0に減衰しない．しかし，粒子径が小さくなるとブラウン運動が活発になり，より短い時間で0に減衰する関数となる．この関数は粒子の運動に起因する関数であり，結論的に粒子径に起因する関数であるといえる．つまりこの関数を解析すれば，ブラウン運動している粒子の粒子径が算出できることになる．この方式は，光子数が少なくても時間的な変化を観測できるので，散乱光の弱いナノ粒子の計測に適した方法である．

5.5.2 装置構成と自己相関関数の決定方法

光子相関法による計測装置の概略を図5.9に，自己相関関数の例を図5.10に示す．定常状態でブラウン運動している粒子にレーザ光を照射し，粒子からの散乱光を光電子倍増管（PMT）などの光検出器で観測する．本方法では，光子数で表される散乱光強度 $I(t)$ とその時間相関を計測する．散乱光の自己相関関数 $G_2(\tau)$ は式(5.5)で表される．定常状態では，$G_2(\tau)$ は時間 τ のみ

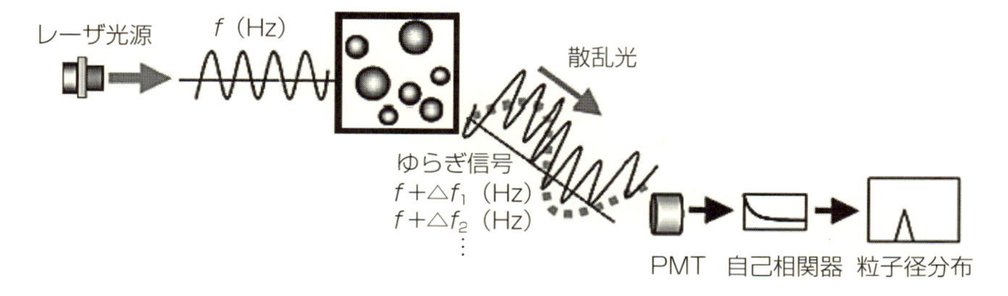

図 5.9　光子相関法の原理図

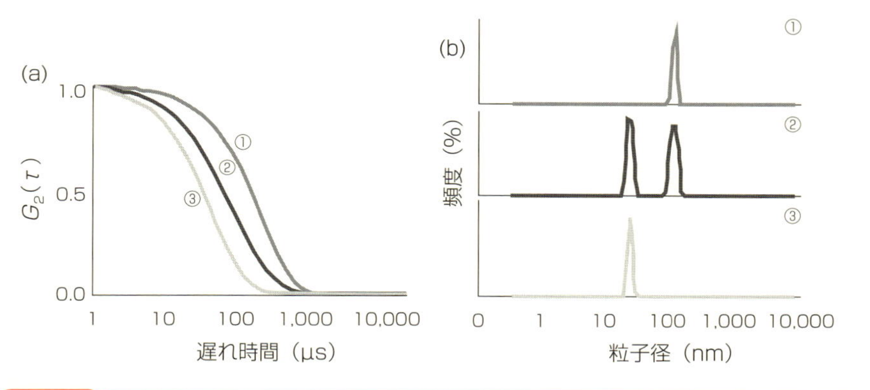

図 5.10　自己相関関数と対応する粒子径分布の例

に依存し，ベースライン A は時間に依存しない定数である．

$$G_2(\tau)=<I(t)\cdot I(t+\tau)>=A[1+B\exp(-2\Gamma\tau)] \quad (5.5)$$

ここで，時間差 τ，減衰定数 Γ，ベースライン A，Y 切片 B，< >は平均である．Γ はブラウン運動している均質な球形粒子の並進拡散係数 D と関係づけられる．

$$\Gamma=Dq^2 \quad (5.6)$$

$$q=(4\pi n/\lambda_0)\sin(\theta/2) \quad (5.7)$$

ここで，散乱ベクトル q，分散媒屈折率 n，入射光の波長 λ_0，θ は散乱角である．拡散係数と粒子径は，式（5.8）のストークス・アインシュタインの式で関係づけられる．

$$D=kT/3\pi\eta x \tag{5.8}$$

ここで，拡散係数 D，粒子径 x，粘度 η，ボルツマン定数 k，絶対温度 T である．多数の粒子が存在する場合，式（5.5）は次式で示される．

$$G_2(\tau)=A[1+B(g_1(\tau))^2] \tag{5.9}$$

$$g_1(\tau)=\int_0^{\infty} G(\Gamma)\exp(-\Gamma\tau)d\Gamma \tag{5.10}$$

ここで，$g_1(\tau)$ は規格化された一次の相関関数とする．

$$\int_0^{\infty} G(\Gamma)\,d\Gamma=1 \tag{5.11}$$

式（5.11）の $G(\Gamma)$ は Γ の分布関数，$G(\Gamma)\,d\Gamma$ は，減衰定数 Γ が，Γ から $\Gamma+d\Gamma$ の範囲にある粒子の散乱光強度に比例することを示している．つまり，Γ が求められれば，式（5.6）と式（5.8）から粒子径 x が決定できる．ただし実際には，粒子径のばらつきだけでなく，粒子形状のばらつき，粒子や試料溶液の均質性のばらつきによって，減衰定数の分布が生じることに留意が必要である．τ が大きくなると，$G_2(\tau)$ はベースライン A の精度に大きく依存するので，一般的にはモデル関数を設定し，これと実測相関関数との最適化を行い，パラメータを決定する．このためのいくつかの方法が提案されている．本節では代表的な二つを紹介する．

(1) キュムラント法

キュムラント法は，計測された相関関数の縦軸の対数をとり，式（5.12）のような多項式で近似する方法で，最も単純な方法である．

$$Y(t)=a+bt+ct^2+\cdots \tag{5.12}$$

$Y(t)$ は相関関数の対数を，a，b，c はデータに最も適するように決定される定数である．a は Y 切片で，S/B 比（シグナルバックグラウンド比もしくはS/N 比），b は初期勾配を表す．この方法では，各粒子が固有の自己相関関数をもつので，平均粒子径が算出できる．ただし，この方法で分布を求めることは難しく，単分散の結果しか与えられないことに注意が必要である．また，c/b^2 は多分散指数といわれ，単分散からの外れ具合の指標となる．

(2) ヒストグラム法

実際の粒子径分布は，単分散ではなく，分布をもつ多分散系であることが多い．ヒストグラム法は多分散系の解析手法の一つで，自己相関関数の解析範囲によって決まる分割区間を指数関数の組み合わせによって表す方法である．ヒストグラム法では，Γ の分布関数 $G(\Gamma)$ を $\Delta\Gamma$ で分割し，$g_1(\tau)$ を次式のように表し，有限個数の Γ_j で分布を代表させて，計測値とモデル関数の差が小さくなるように，非線形最小二乗法などを用いて近似する．

$$g_1(\tau) = \Sigma G(\Gamma_j) \int_{\Gamma_j-\Delta\Gamma/2}^{\Gamma_j+\Delta\Gamma/2} \exp(-\Gamma\tau)\, d\Gamma \tag{5.13}$$

各減衰定数 Γ_j を，式（5.6）と式（5.8）を用いて粒子径に換算し，粒子径を横軸にとり，得られた頻度を縦軸としてヒストグラム表示することで，粒子径分布が得られる．

5.5.3 光子相関法の計測における注意点

(1) 装置

光子相関法の装置では，ガラス，石英，プラスチックなどのキュベットセルを利用することが多い．装置によって粒子が入射する高さや方向が違うため，光軸高さより上までサンプルを満たす必要がある．また，サンプル量が少ないときにはマイクロセルなどの利用を推奨する．装置により検出器が配置されている角度が異なるため，どの方向に検出器があるか，マイクロセルの窓の方向がレーザの入射方向と検出器の受光方向に合致しているかの確認が必要になる．本計測方法では散乱光強度の変化率を観測するため，ブランク計測は通常不要である．また，一般的には一定の暖機時間が必要である．外気温などの装置環境によっても安定しない場合があるので，メーカー推奨の暖機時間をチェックしておくとよい．特に，ガスレーザを用いている場合は，レーザの光軸安定性を含め，装置の暖機運転が非常に重要である．半導体レーザを用いている場合は，ガスレーザほどの発熱や光軸ズレはなく，比較的に短時間の暖機運転で済むものが多い．

(2) 計測試料

光子相関法で計測するコロイド状試料には，生成過程での不純物の混入や経時的な凝集によるものなどの粗大粒子が存在することがあり，計測再現性を著しく低下させるとともに，ナノ粒子の計測の可否にも影響する．混入物が計測範囲外の粗大粒子であっても，さらに強い影響を受けるため除去が必要となる．通常装置は分散機能を内蔵していないので，事前に前処理として分散させることが必須である．特に1 μm 以下の粒子が主な計測対象となる場合，十分に分散しなくてはならない．場合によっては，粗大粒子（ダスト）をフィルターや遠心分離で取り除いておくことも重要である．粗大粒子が混入すると，一次粒子の観測が困難となる．仮に一次粒子が観測されたとしても計測結果に誤差を含むため，計測精度の低下を生じることになる．また，計測範囲内であっても，1 μm 以上になると粒子沈降の影響が無視できなくなり，経時変化を生じやすいので計測精度が低下する．このため，粗大粒子を含まないように強力な超音波ホモジナイザーで強制分散させるか，不要な粗大粒子をフィルタリング除去，もしくは遠心分離・除去した後計測することが重要である．さらに数十ナノメートル以下の領域を計測する際，超遠心分離装置を用いて上澄みを採取することもある．経時的に凝集する場合も再現性が得られにくいので注意しなくてはならない．

これら以外に，粘度も非常に重要となる．試料がニュートン流体中であればストークス・アインシュタインの式に従うが，非ニュートン流体中では拡散定数と粘度が単純な反比例の関係にならないため，計測結果は信頼できないものとなる．また，粘度は温度によって変化するため，温度変化も計測精度に影響を与える．このために試料温度が一定になるように装置側でセルホルダーを温度調節されている．さらに，冷蔵保存した溶液試料を用いる場合，室温との差により溶存空気の放出による泡やセル内での対流が発生するために注意する必要がある．

(3) 屈折率の影響

一般的に光子相関法では，空間的な散乱光強度パターンではなく，散乱光強度の変化のみを観測するので，試料の屈折率は重要ではない．基準の変換（散乱光強度基準分布⇔体積基準分布，散乱光強度基準分布⇔個数基準分布）時に，屈折率を使って計算している．ただし，100 nm 以下の領域では屈折率の影響はないため，100 nm 以上で凝集物のような大きな粒子の混在が重要である場合を除いてはあまり考慮する必要はない．

(4) 試料濃度の影響

十分希薄な分散状態にある粒子においてのみ，拡散係数が分散媒粘度や球形粒子の径と関係づけられる．最近では，高濃度懸濁液の計測も可能としている装置もあるが，レーザ光がセル内部まで到達できず，セル表面にとどまることから後方散乱光を検出するように検出器が配置されている必要がある．ただし，このような系での計測結果には，いくつかの計測誤差を含んでいる可能性が高い．こうした誤差は，多重散乱のほかに，協同拡散，粒子間相互作用，見かけ上の粘性などの現象に起因するものである．光子相関法や動的光散乱法では，粒子は分散媒分子とだけ相互作用すると仮定しているが，濃度が高いと平均粒子間距離が減少し，粒子間相互作用が増加する．その結果，一つの粒子が動くと連動してほかの粒子が動く協同拡散，さらには，見かけ上の粘性を生じる場合がある．図 5.11 に多重散乱の概念図を示す．

実際に，高濃度の粒子を含んだ試料を計測する場合，計測粒子径に濃度の影響が現れる限界濃度を予想して調整することは難しい．そのため，JIS Z 8828: 2013[6] にもあるように，試料濃度を変化させて計測を行う方法が推奨される．実際の試料計測では，多重散乱，粒子衝突を含む粒子間相互作用なども，計測した粒子径分布に影響を与える．これらの影響をキャンセルするには，演算上の仮定を増やさずに，無限希釈した試料を計測し，純溶媒の粘度を使って粒子径分布を求める方法が簡便である．ただし，試料を希釈することによって，対象粒子の化学的性質や電気二重層の広がりが変化することにより，拡散係数が

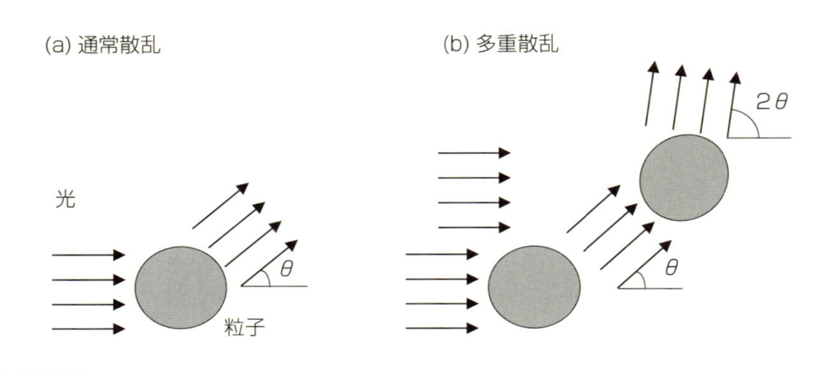

図 5.11 多重散乱の概念図

変わる可能性があることに注意が必要である．

5.5.4 定精度およびバリデーション

光子相関法では，JIS Z 8828 : 2013[6]における装置バリデーションとして，平均粒子径が約 100 nm と値付けされた，PSL 粒子を使用すると規定されている．NaCl（塩化ナトリウム）濃度 0.01 mol/L で，適切な濃度に調整された約 100 nm の PSL 粒子を計測した平均粒子径が，動的光散乱計測装置で値付けされた粒子径の 2% 以内にあり，再現性について，CV 値 2% 未満，多分散指数 0.1 未満でなければならないとされる．この時の粒子径算出方法は，キュムラント法が規定されている．粒子の周りには電気二重層とよばれるイオン層が広がっており，拡散係数がその影響を受けるので，バリデーション試料の調整には注意が必要である．実際に NaCl を添加しない場合は，100 nm に対して 10 %程度の誤差を与える．

5.5.5 計測例

光子相関法において設定すべき条件項目を含む標準粒子である PSL 粒子のデータ出力例を図 5.12 に示す．計測結果として，粒子径分布図だけでなく，メジアン径やモード径といった数値情報が記載されている．光子相関法では分

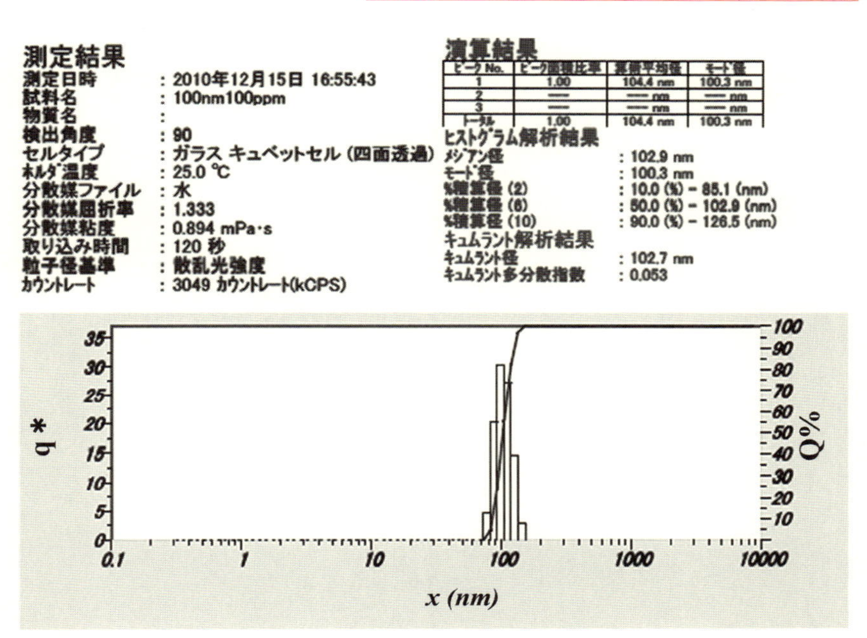

図 5.12 標準 PSL 粒子の測定データ出力例

散媒粘度が重要である．また，自己相関関数から粗大粒子の存在など不安定要素が判断しやすいので，自己相関関数を併記しておく方がよい．ここでは省略したが，ヒストグラムの粒子径と頻度％の数値テーブルを併記することも多い．

図 5.13 に SiO_2 コロイドの体積基準の粒子径分布を示した．算術粒子径は 93.0 nm であった．計測条件は，計測温度 298.35 K，粘度 0.891 mPas，屈折率 1.333 で解析を行った．

5.5 節では光による粒子径分布計測法として，迅速・簡便な方法として広く利用されている光子相関法を取り挙げた．この計測装置で，サブナノメートルから数マイクロメートルと，3 桁の計測範囲をカバーすることができる．本節の性質上，公的規格[6)7)]からの引用も多くなったが，計測原理，試料調整，計測のために最低限必要な考え方を述べてその注意点を示した．数式は必要最小限の項目に抑えたので，行間は参考文献 5 などを参照してカバーして頂きたい．光散乱に関する最近の成書も参考に挙げておく[8)9)]．

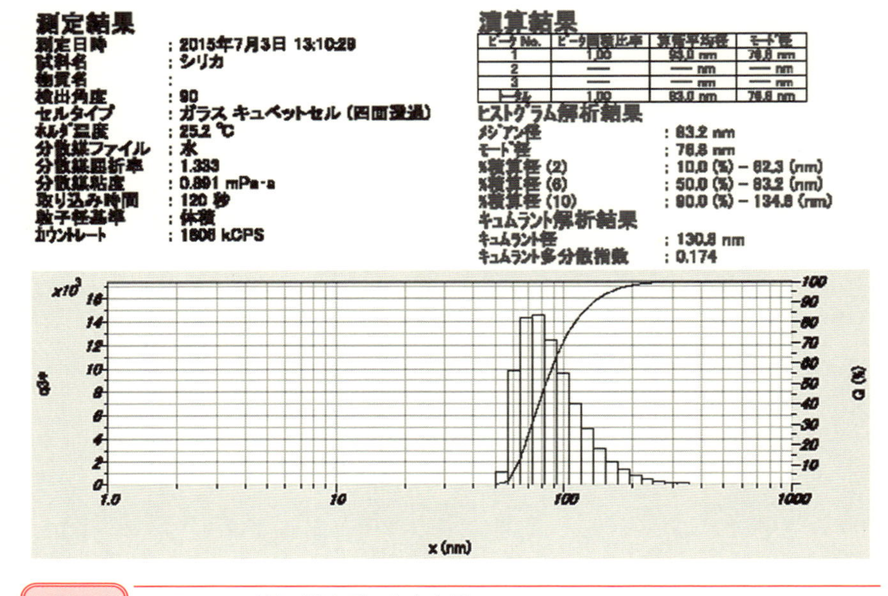

図 5.13 SiO_2 コロイドの測定データ出力例

参考文献

1） 中井泉，泉富士夫編：『粉末 X 線解析の実際（第 2 版）』朝倉書店（2009）

2） T. Ida *et al.*: *J. Appl. Cryst.*, **36**, 1107–1115（2003）

3） H. Masunaga *et al.*: *J. Appl. Cryst.*, **46**, 577–579（2013）

4） ISO 17867 : 2015 など

5） R. Pecora : *J. Chem. Phys.*, **40**, 1604（1964）

6） JIS Z 8828 : 2013

7） ISO 22412 : 2008

8） 日高重助，神谷秀博：『基礎粉体工学』日刊工業新聞社（2014）

9） 柴山充弘ほか：『光散乱法の基礎と応用』講談社（2014）

Chapter 6

質量分析を利用したナノ粒子の計測例

質量分析法（mass spectrometry）は，化学組成，分子量などの化学情報に基づいて分析対象を同定あるいは定量する方法である．粒子構成要素（元素，分子）を指標とすることで，選択性・定量性に優れた分析方法となりうることから，特に混合材料，最終製品や環境試料といった夾雑物が多い中での粒子のサイズ評価，存在量の評価（含む個数濃度）などに用いられている．

本章では，特に金属ナノ粒子の計測方法として利用が増えている誘導結合プラズマ質量分析法（ICP－MS）を用いたナノ粒子計測方法について概説する．

6.1 質量分析法によるナノ粒子計測

質量分析法（MS）は，ナノ粒子のバルク組成，不純物評価，個数濃度およびサイズ評価などに用いられている．透過電子顕微鏡（TEM）などの画像解析手法および動的光散乱法（DLS）のように光散乱を利用する方法が，サイズ，形状といった幾何量を計測する方法であるのに対し，MSは化学組成，分子量などの化学情報に基づいて粒子を同定あるいは定量する方法である．計測対象粒子に対する選択性が高く，定量性も優れていることから，ほかの計測方法では評価が難しい混合材料，最終製品や環境試料といった夾雑物が多い中での粒子のサイズ評価，存在量評価および組成評価などへの応用が検討されている．

ナノ粒子計測に用いられる代表的な質量分析法としては，誘導結合プラズマ質量分析法（ICP-MS：inductively coupled plasma-mass spectrometry），二次イオン質量分析法（SIMS：secondary ion mass spectrometry），エレクトロスプレーイオン化質量分析法（ESI-MS）およびマトリクス支援レーザ脱離イオン化質量分析法（MALDI-MS），飛行時間質量分析法（TOF-MS）などであり，フラーレン（C_{60}）などのカーボン粒子を除く無機ナノ粒子に対してはICP-MSおよびSIMSが，カーボン粒子あるいはタンパク質凝集体などの有機化合物粒子に対してはESI-MSおよびMALDI-MS，TOF-MSがそれぞれ用いられている．中でもICP-MSは，その高い元素選択性および高感度かつ優れた定量性によって，バルク組成および不純物評価のみならず，粒子サイズおよび存在量評価，個数濃度評価，局在評価などへと応用が拡大している．

本章では，質量分析法としてICP-MSに焦点を絞り，ICP-MS装置の基本構成を概説したのち，流動場分離法（FFF）などの粒子分級技術と組み合わせる方法，シングルパーティクル（sp）ICP-MSとよばれる個別粒子計測法に関してそれぞれ概説する．なお，ICP-MSに関する技術詳細は，本書シリーズ

『機器分析編 17　誘導結合プラズマ質量分析』[1]にまとめられているので，ICP–MS をより詳しく学びたい方はそちらをご参照いただきたい．

6.2 ICP–MS 概要

ICP–MS は，アルゴン誘導結合プラズマ（Ar–ICP）をイオン源とする元素選択的かつ高感度な分析法である．Ar–ICP は，多くの元素を高効率かつ安定にイオン化することができるイオン源であり，生成する原子イオンは 1 価イオンの割合が非常に高く，共存成分に起因するイオン化干渉も小さいといった特性を有している．これらの優れた特性によって，周期表上の多くの元素に対して検出限界サブ ng/L（ppq）から ng/L（ppt）レベルかつ計測ダイナミックレンジ5～6桁（異なる検出器を同期させれば9桁以上）の高感度計測が可能となっている．

以下，ICP–MS を用いたナノ粒子計測において必要となる基礎知識として，装置の基本構成，検出限界，計測において留意すべき干渉，および検出器の不感時間について概説する．

6.2.1 装置の基本構成

ICP–MS 装置は，大まかに(1)試料導入部，(2)イオン源（ICP），(3)インタフェース部および(4)質量分析計によって構成されている．例として四重極型 ICP–MS 装置（ICP–QMS）の装置基本構成の概略図を図 6.1 に示す．

(1) 試料導入部

ICP–MS は液体試料分析を基本とする分析法であり，プラズマを安定に保

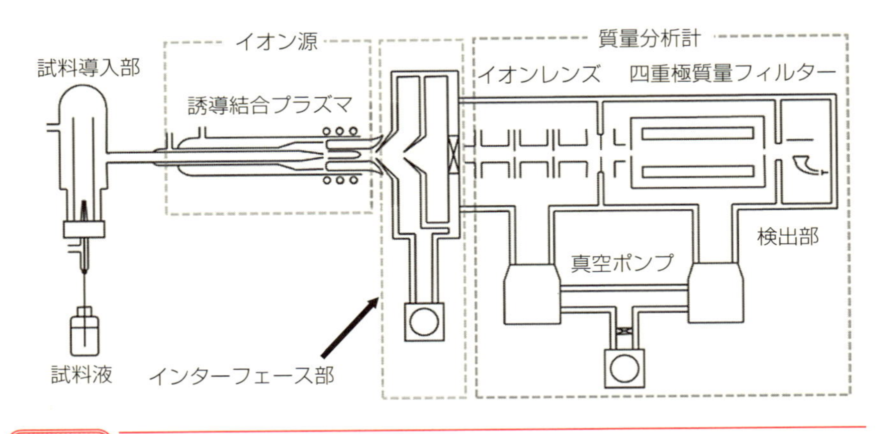

図 6.1 ICP-QMS 装置構成の概略図

ち，かつプラズマ内で試料を完全分解するために，試料液を微細液滴化してプラズマに導入する方法が用いられている．

汎用装置の試料導入部は，試料噴霧器（ネブライザー）と液滴粒子径カットオフフィルター（スプレーチャンバー）で構成されている（図 6.2）．ネブライザーは試料液を微細液滴化する役割を，スプレーチャンバーは，ネブライザーで生成した大きい液滴を取り除き，プラズマ内で分解可能なサイズの液滴（直径 10 μm 未満）のみをプラズマに導入する役割をそれぞれ担っている．汎用ネブライザーの噴霧液滴は 0.1～50 μm 程度の幅広い粒子径分布を有しているが，カットオフ粒子径 10 μm 前後のスプレーチャンバーを通過する過程で体積平均粒子径 3 μm 程度，最大粒子径 10 μm 未満の液滴流となる（図 6.3）．

汎用 ICP-MS 装置では，スプレーチャンバーにおけるカットオフ損失（汎用ネブライザーを用いた場合で 90～95% 程度），プラズマの頑健性を保つことができる試料液滴の許容量（体積平均粒子径 3 μm の液滴で 0.02 mL/min 程度）などの兼ね合いから，多くの場合，試料導入流量 0.5 mL/min 程度に適したネブライザーが用いられている．

ネブライザー，スプレーチャンバーともに特性が異なるいくつかの種類があり，それらを試料性質（粘性，マトリクスなど），試料導入量および計測目的（分散液評価など）に応じて使い分ける必要がある．たとえば，後述する粒子

(a) 同軸型ネブライザー

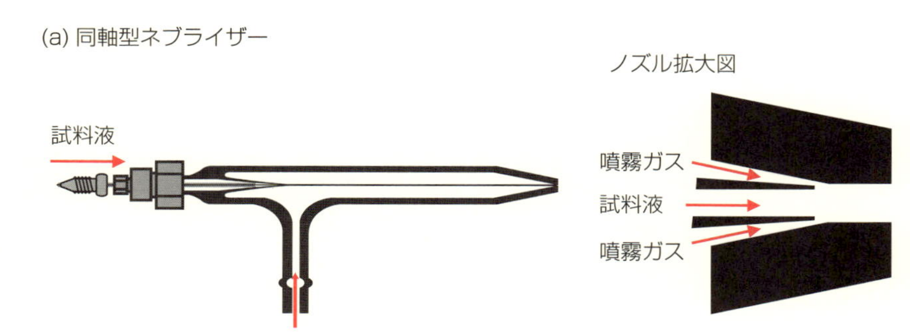

(b) スコット型スプレーチャンバー

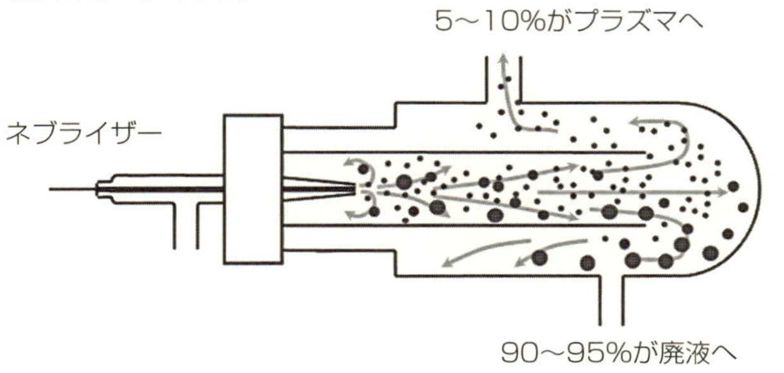

(c) サイクロン型スプレーチャンバー

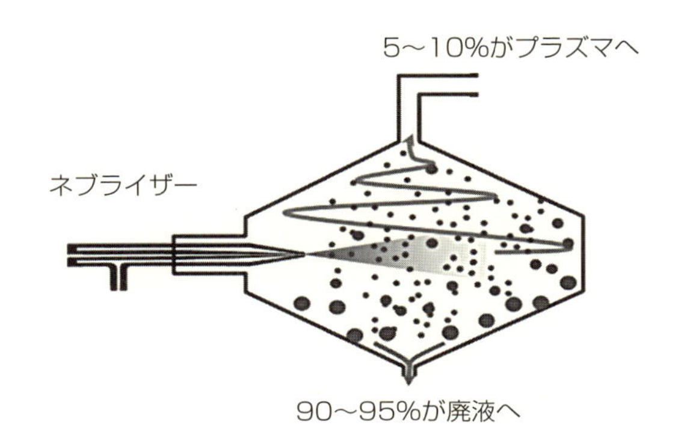

図 6.2 代表的なネブライザーおよびスプレーチャンバー

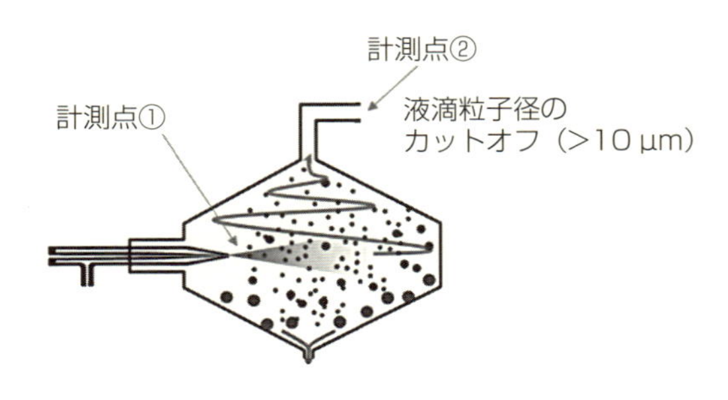

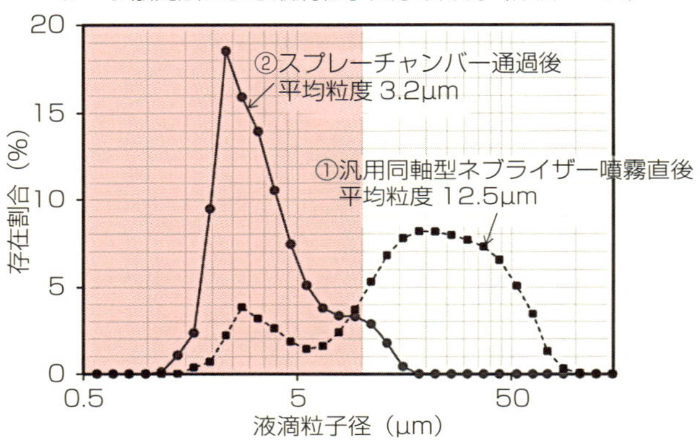

図 6.3　**スプレーチャンバー通過前後の液滴粒子径分布変化例**

分級装置との結合においては，結合部からネブライザーノズル先端までの空間における分級粒子の再分散を抑制する必要があるので，分級装置の出口流量に適した流量設定のネブライザーを選択する必要がある．

ネブライザーおよびスプレーチャンバーの選択の目安に関しては，後述の複合システムおよび sp ICP-MS の項にて解説する．

(2) イオン源

Ar-ICP は，垂直方向が中空の同心円（ドーナツ型）構造を有しており，この構造によって試料液滴を効率よくプラズマ中央部（セントラルチャンネルとよばれる）に導入することができる．プラズマに導入された試料液滴は，脱溶

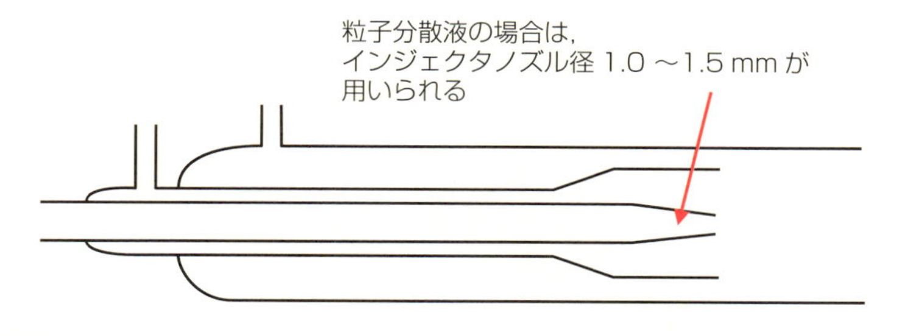

図 6.4　プラズマトーチ模式図

媒，塩類・酸化物生成，蒸発，分解などのプロセスを経て，原子化，イオン化される．

プラズマトーチには，3重管の中心管（トーチインジェクタ）の内径が異なる種類のものがあり，用途に応じて使い分けられている．インジェクタ内径とプラズマ内のセントラルチャンネル径は比例するので，粒子分散液試料などの計測においては試料液滴のプラズマ内拡散を抑制できるインジェクタ内径が狭いトーチ（直径1.0～1.5 mm）がよく用いられる（図6.4）．一方，試料マトリクス濃度が高い試料を計測する場合には，インジェクタ内での塩析を抑制するためにインジェクタ内径が広いトーチ（直径2.0～2.5 mm）が用いられている．

(3) インタフェース部

プラズマで生成したイオンは，差動排気インタフェースを介して真空系の質量分析計（MS）に引き込まれる．インタフェースはサンプリングコーン，スキマーコーンとよばれる1対のオリフィスで形成されている（図6.5）．

インタフェースコーンのオリフィス径，コーンオリフィス間の距離，差動排気構造などは，装置メーカーや装置モデルによって微妙に異なる．たとえば，半導体分析用の感度重視の装置では，差動排気を強化し，なおかつMSへのイオン引き込み量が多くなるようにオリフィス径およびオリフィス間距離が設計されている装置もある．

インタフェースコーンは，NiもしくはCuコーンが一般的だが，これらはH_2SO_4（硫酸）やH_3PO_4（リン酸）などに浸食されやすく，有機溶剤導入のため

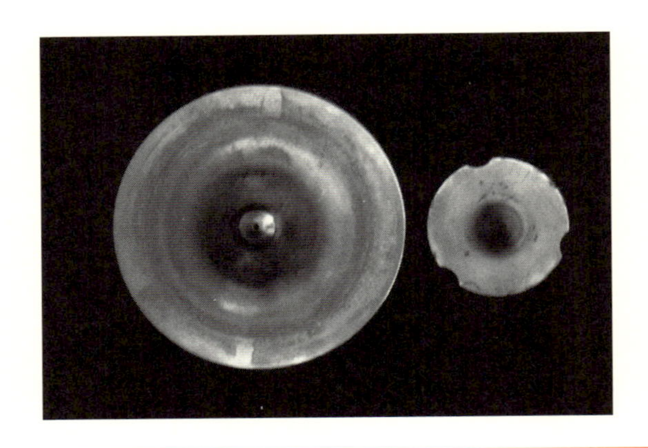

図 6.5 インタフェースコーン写真（左：サンプリングコーン，右：スキマーコーン）

の O_2 混合においても劣化が加速する．浸食劣化が著しい場合には，高価だが Pt コーンが用いられる．

(4) 質量分析計

ICP–MS に用いられる主な質量分析計としては，四重極型質量分析計（QMS），タンデム質量分析計（MS/MS），二重収束型質量分析計（SFMS）および飛行時間質量分析計（TOF–MS），の 4 種類が挙げられる．それぞれに特徴があり，目的に応じて使い分けられる．

①四重極型質量分析計（QMS）

QMS は，ICP–MS で最も汎用されている質量分析計である．市販装置の多くは ArO^+ などのスペクトル干渉種（主に多原子イオン）を除去するための衝突／反応セル（CRC：collision/reaction cell）を四重極フィルター手前に搭載している．CRC によるスペクトル干渉種の除去は，セル内に満たされたガスとの衝突反応（乖離，脱エネルギーなど），電荷移動反応，プロトン付加反応などを利用するものであり，セル内で分解，失活した干渉種だけでなく，運動エネルギー損失差によっても干渉種を分離除去している．衝突ガスには He，Xe（キセノン）などが，反応ガスには H_2，CH_4，NH_3，O_2 などがそれぞれ用いられている．

②タンデム質量分析計（MS/MS）

MS/MSは，ICP-CRC-QMSの発展型であり，CRCで除去しきれないスペクトル干渉がある場合に有効な質量分析計である．初段のQMSを質量電荷比（m/z）フィルターとして利用することで，中段セル内での反応生成物を制限することができるため，反応によりスペクトルの複雑化を抑制することができる．そのため，目的元素イオンと干渉種の反応性の違いを利用し，セル内反応生成イオンを新たな計測対象とすることで干渉種と分離するアプローチ（massシフト法）が可能となる．実際，溶剤や大気成分に起因するスペクトル干渉が大きいSi，Ti（チタン）などは，massシフト法によってスペクトル干渉を回避することで，QMSに比べて大きく検出限界を引き下げることができる．

③二重収束型質量分析計（SFMS）

SFMSは，磁場と電場によって特定m/zのイオンを透過・収束させる質量分析計である．ICP-MSで用いられるSFMSでは，スリットにより質量分解能を300〜10,000程度の範囲で可変することができ，多くのスペクトル干渉種（主に多原子イオン）と目的元素イオンをスペクトル分離することができる．またイオン引き込み電圧をQMSと比べて一桁ほど高くできるため，質量分析計内のイオン透過率がQMSよりも約1〜2桁高くなることから，QMSと同程度の分解能設定においては，QMSよりも1桁以上高い検出感度が得られる．

④飛行時間質量分析計（TOF-MS）

TOF-MSは，イオンを加速させてフリーフィールド領域に導き（サンプリングし），領域内の飛行時間差を利用してイオンをm/zごとに検出する方法である．多成分同時計測能に優れているので，複合粒子の分析には特に効果を発揮する方法である．原理的に，イオンサンプリング時間に対して10倍以上のサンプリング間隔（いわゆるduty cycleで飛行距離に依存）が必要であるため，フリーフィールド領域へのイオンサンプリングは非連続となり，結果としてイオンサンプリング効率はほかの質量分析計に比べて低くなる．ICP-MSで用いられるTOF-MSでは，サンプリング時間2 μs，サンプリング間隔 30 μs 程度で m/z 1～250 のイオンを同時計測（実際には逐次計測）することができる．しかしながら，イオンサンプリング効率や検出器の検出効率などの違いにより，現在市販されている ICP-TOF-MS 装置の検出感度は ICP-QMS 装置に比べて 1 桁ほど低いのが現状である．

6.2.2 装置検出限界

表 6.1 に，ICP-MS で計測可能な元素と四重極型 ICP-MS 装置（ICP-QMS）および二重収束型 ICP-MS 装置（ICP-SFMS）の検出限界をまとめる．なお，装置検出限界は，当然のことながら質量分析計の種類，装置条件あるいは計測条件によって異なるものである．したがってここで示すのは，あくまで一般的な装置条件あるいは計測条件で得られる装置検出限界と考えていただきたい．

ICP-QMS の装置検出限界は，多くの元素に対して 0.1～1 ng/L レベルであり，ICP-SFMS の装置検出限界は QMS 装置に比べて 1 桁低い 0.01～0.1 ng/L レベルである．

ICP-QMS，ICP-SFMS 装置ともに，装置検出限界が元素によって大きく異なるのは，イオンサンプリングおよび質量分析計内のイオン透過効率の違い（重いイオンの方が透過する），同位体存在度の差，多原子イオンないし同重体イオンの重なり（後述するスペクトル干渉）や，試料導入部の部材からの溶出などの影響による．たとえば，Si の ICP-QMS 装置検出限界はほかの元素に比べて 2 桁以上高い値 500 ng/L 程度である．これは，Si のすべての同位体イオンに対して多量の N_2 起因の多原子イオン（$^{14}N_2^+$ など）が重なることに加え，ガラス製プラズマトーチからの Si イオンの溶出，さらには経路内付着した Si が徐々に溶出するなどの影響によるところが大きい．

また，装置検出限界としては表 6.1 のとおりだが，操作汚染などの影響で実際の検出限界が高くなるケースもある．たとえば Ca（カルシウム）は，試料液の保存容器あるいは作業環境などから容易に汚染する元素であり，汚染対策次第で実際の検出限界は非常に高くなる場合がある．

表 6.1 ICP–QMS および ICP–SFMS の装置検出限界まとめ 単位：ng/L（ppt）

元素	四重極型 ICP–MS	二重収束型 ICP–MS	元素	四重極型 ICP–MS	二重収束型 ICP–MS
Li	1	0.01	Cd	0.1	0.01
Be	1	1	In	0.1	0.1
B	10	5	Sn	0.1	0.1
Na	1	0.1	Sb	0.1	0.1
Mg	1	0.5	Te	1	0.1
Al	1	0.1	I	10	10
Si	500	50	Cs	0.1	0.01
P	500	50	Ba	0.1	0.1
S	50000	50	La	0.1	0.01
Cl	100000	20000	Ce	0.1	0.01
K	5	0.1	Pr	0.1	0.01
Ca	5	1	Nd	0.1	0.01
Sc	1	1	Sm	0.1	0.01
Ti	1	0.1	Eu	0.1	0.01
V	1	0.1	Gd	0.1	0.01
Cr	1	0.1	Tb	0.1	0.01
Mn	1	0.1	Dy	0.1	0.01
Fe	5	0.1	Ho	0.1	0.01
Co	1	0.1	Er	0.1	0.01
Ni	1	0.5	Tm	0.1	0.01
Cu	1	0.1	Yb	0.1	0.01
Zn	1	0.5	Lu	0.1	0.01
Ga	1	0.5	Hf	0.1	0.01
Ge	1	0.5	Ta	0.1	0.01
As	5	1	W	0.1	0.01
Se	5	5	Re	0.1	0.01
Br	100	10	Os	0.1	0.01
Rb	1	0.01	Ir	0.1	0.01
Sr	1	0.01	Pt	0.1	0.01
Y	1	0.1	Au	0.1	0.1
Zr	1	0.01	Hg	5	1
Nb	1	0.001	Tl	0.1	0.01
Mo	1	0.1	Pb	0.1	0.01
Ru	1	0.01	Bi	0.1	0.01
Rh	1	0.01	Th	0.1	0.001
Pd	1	0.1	U	0.1	0.001
Ag	1	0.1			

出典：Thermo Scientific　カタログ：元素ソリューション more capabilities, AAS, ICP–OES, ICP–MS, OES and GD–MS より抜粋

6.2.3 計測において留意すべき干渉

ICP–MS においては，試料中共存成分や大気成分などに起因する種々の干渉対策が不可欠である．

(1) 計測における干渉

計測における干渉には，大きく分けてスペクトル干渉（スペクトルの重なり）と非スペクトル干渉（計測感度の増減）とがある．スペクトル干渉は，同一 m/z イオンの重なりである．ICP–MS における主なスペクトル干渉種としては，Ar ガス，大気成分，試料溶媒およびマトリクスなどに起因する多原子イオン，同重体イオン（ほかの元素の同位体イオン），1 価の単原子イオンに対して数%の割合で生成する 2 価イオン，酸化物イオンおよび水素化物イオンが挙げられる．多原子イオン干渉種の多くは CRC 技術による除去，あるいは二重収束型質量分析計を用いた高質量分解能計測によるスペクトル分離が可能である．一方で，同重体イオン，2 価イオン，酸化物イオン，水素化物イオンに関しては，CRC 技術による除去や高質量分解によるスペクトル分離が難しい場合が多い．そのような場合でも，MS/MS による mass シフト法により干渉を回避できるようになってきている．非スペクトル干渉は，ICP におけるイオン化干渉，試料導入部における物理干渉，インタフェース以降の空間電荷効果など，マトリクスに起因する計測信号の増減感の総称である．

(2) イオン化干渉

イオン化干渉は，共存成分に起因するイオン化過程およびイオン生成率の変化に起因する干渉である．特に試料共存成分量が多い場合やイオン化ポテンシャルが高い元素が計測対象の場合において留意すべき干渉である．イオン化干渉は主要因の同定が難しく補正が困難であるため，干渉対策としては干渉を相殺する方法である標準添加法あるいはマトリクスマッチング法が適用される．

(3) 物理干渉

物理干渉は，試料液の粘性，沸点などの違いによってプラズマへの試料液滴導入効率が変化することに起因する信号強度の増減である．ネブライザーによる噴霧液滴の粒子径分布は試料液の粘性，沸点などの違いによって大きく変化するため，プラズマへの試料液滴導入効率が変化し，それに伴い計測信号強度が変化する．多くの場合，標準液を含む計測溶液すべての液組成を統一し，内部標準補正を行うことで補正可能な干渉であるが，計測液が有機溶剤，界面活性剤などの有機物を多く含む場合には，前述のイオン化干渉も考慮する必要があるので標準添加法あるいはマトリクスマッチング法を併用する必要がある．

(4) 空間電荷効果

空間電荷効果（ICP-MS の JIS 通則[2]ではマトリクス干渉と定義されている）は，イオンをサンプリング・収束させる過程において生じるイオン間の静電反発に起因する干渉である．空間電荷効果は m/z に対して依存性があり，計測対象元素イオンの m/z が小さくなるほど干渉を受けやすくなり，マトリクスイオンの m/z が大きくなるほど干渉度合いが大きくなる．したがって，m/z が近い元素を用いた内部標準補正により効果的な補正が可能である．

6.2.4 検出器の不感時間

sp ICP-MS など，粒子の分散液を直接 ICP-MS 装置に導入する分析方法においては，パルスカウンティングにおける検出器の不感時間の影響，すなわちイオンの数え落しを特に考慮する必要がある．

不感時間とは，検出器に入射したイオンのパルス信号を個々に認識するために必要な時間間隔のことであり，多量のイオンが短時間に検出器に入射する場合にイオンの数え落しの原因となるものである．たとえば，2 個のイオンが不感時間よりも短い時間間隔で検出器に入射した場合，先のイオンでつくられたパルスが減衰しないうちに次のイオンが入射するため，2 つのパルスが 1 個のパルスとして認識されてしまい，1 カウントしか計測されないことになる．したがって，多量のイオンが短時間に検出器に入射する場合には，検出器の数え落とし分を補正しなければならない．

粒子の分散液を直接装置に導入する場合に特に不感時間の考慮が必要となるのは，粒子から生成した多量のイオンがミリ秒単位の時間内に過渡的に検出器に入射されるためである．たとえば，球状直径 100 nm の Ag 粒子が 1 粒子プラズマに導入されたとすると，0.4 ms 程度の時間幅をもってプラズマ内で Ag イオンが生成する．この 0.4 ms 程度の短時間に発生するイオン量は，濃度約 80 μg/L の Ag イオン標準液を導入した際に生じるイオン量と同程度であり，不感時間による数え落しが大きく影響するレベルのイオン量である（質量分析計内のイオン透過率による）．したがって，粒子分散液の個数濃度が低く，単位時間当たりのプラズマへの粒子導入頻度が低い場合には，単位時間当たりに積算された見かけのイオン計数と実際のイオン量が大きく異なることになる．

市販の ICP-MS 装置は，ファームウェア上で不感時間による数え落としを自動補正する機能を有している．しかしながら，単位時間当たりの積算値を自動補正しているので，ファームウェア積算時間設定によっては補正効果がない場合があることに留意しなければならない（詳細は後述）．

以上，ICP-MS をナノ粒子計測に応用する際に必要となる基礎知識として，装置の基本構成，検出限界，計測において留意すべき干渉，および検出器の不感時間についてそれぞれ概説した．

ICP-MS は，ナノ粒子のバルク組成および不純物評価のみならず，粒子個数濃度およびサイズ評価などにも応用可能である．6.3 節からは，粒子分級法と ICP-MS の組み合わせ方法，sp ICP-MS とよばれる ICP-MS 単体での個別粒子計測方法，さらには粒子分級法と sp ICP-MS の組み合わせ方法について概説する．

6.3 粒子分級法とICP-MSの組み合わせ方法

粒子分級法とICP-MSの組み合わせ方法は，粒子サイズ情報と粒子存在量および化学組成を結びつけた評価に応用することができ，特に最終製品や環境試料といった夾雑物が多い試料中の粒子計測に対して効果を発揮する．多角度光散乱法（MALS：multi-angle laser scattering），紫外吸収法（UV）などのほかの粒子検出方法が粒子を計測する方法であるのに対し，ICP-MSは粒子組成成分元素を計測する方法であるので，夾雑物粒子成分が多い中から対象となる粒子を選択的に計測することが可能となるためである．また，パーティクルカウンティングを併用すれば粒子サイズごとの平均粒子密度も概算可能となる．

以下，液相分級技術および気相分級技術とICP-MSとの組み合わせ方法に関して概説する．なお，各種ナノ粒子分級法の原理などに関しては，すでに第3章にて解説されているので，ここではICP-MS装置との結合に関する技術的な解説にフォーカスする．

6.3.1 液相分級装置との結合方法

ICP-MSは液体試料分析を基本とする分析法であることから，液相分級技術であるサイズ排除クロマトグラフィー（SEC），流体力学クロマトグラフィー（HDC）などの各種液体クロマトグラフィー法（LC：liquid chromatography）や，流動場分離法（FFF）などとは容易に組み合わせることができる．これらの方法は，液流を用いた分級方法であるので，分級装置の出口流量に適したネブライザーと配管を選択すれば，各種分級装置の液流出口をネブライザーに接続するだけでオンライン接続することが可能である．

LC装置やFFF装置をICP-MS装置にオンライン接続する場合には，ICP-

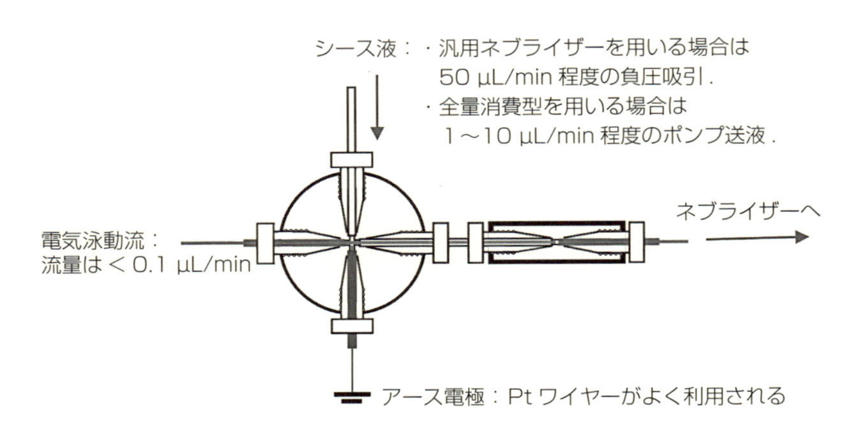

図 6.6 シース液流を利用した CE 用インタフェースの電気回路形成例

MS 装置に適した液流量設定から考えるとシステムを組みやすい．汎用 ICP-MS 装置の多くは，プラズマへの試料液滴導入量の許容限界により試料導入流量 0.5～1.0 mL/min 程度で試料液中濃度に対する計測感度がほぼ最大となる（ネブライザーの微細液滴化能力にもよる）．したがって，分級装置の出口流量設定は 1.0 mL/min 程度が上限の目安になる．さらに分級装置の出口流量を 1.0 mL/min 以下で設定すれば，あとは ICP-MS 装置への導入過程において粒子の再拡散を抑制できる（すなわち分級された状態を維持できる）内容積の配管で，同じく拡散が無視できる内容積のネブライザーを用いて結合すればよい．

ネブライザー内での再拡散を抑制するためには，液流路に背圧がかかるようにすればよい．ICP-MS で一般的に用いられている同軸型ネブライザーは試料液を負圧吸引するので，分級装置の出口流量に対して 1/2～1/5 程度の負圧吸引流量のネブライザーを選択すれば，粒子の再拡散を抑制するのに十分な低内容積かつ背圧を液流路にかけることができる．

ICP-MS は，ナノ粒子分級方法としても利用され始めているキャピラリー電気泳動法（CE：capillary electrophoresis）とも組み合わせることができる．

CE-ICP-MS システムを構築するには，泳動電気回路を形成する必要がある（図 6.6）．電気回路形成方法としてはシース液流を利用する方法が一般的であり，汎用試料導入部を利用したインタフェースと，全量消費型試料導入部（ドレインレス導入部ともいう）を利用したインタフェースが用いられている．いずれもネブライザー手前にシース液導入流路と接液電極が設けられており，ネブライザー手前ないしネブライザー内で泳動液とシース液が混合され，噴霧される仕組みとなっている．

汎用試料導入部を利用したインタフェースでは，流量 50 μL/min 程度に対応した負圧吸引型ネブライザーが用いられており，ネブライザーの負圧吸引でシース液を導入する仕組みとなっている．泳動液流量に対してシース液量が多くなるので，試料希釈率が高くなること，接続部およびネブライザー内部での再拡散によって泳動分離を損なうといった課題があるものの，接液電極における電気分解で生じる気泡によってネブライザーへの送液が止まるのを防止することができるため，安定な計測が可能となる．

一方，全量消費型試料導入部を利用したインタフェースでは，噴霧液滴のほとんどをプラズマに導入するために，流量 10 μL/min 未満に対応したネブライザーが用いられている．シース液による試料希釈率を低く抑えることができ，なおかつ接続部およびネブライザー内部での再拡散を抑制することができるので，汎用試料導入部を利用する場合に比べ，高感度かつ分離がよい状態での計測が期待できる．反面，シース液と電気泳動流のバランスを取ることが難しいこと，電極で発生する気泡によって送液が止まりやすいことが課題となるため，安定な計測を行うには熟練を要する．

上記のとおり，液相分級装置と ICP–MS の結合においては，ネブライザーの選択が重要なポイントとなる．ICP 関連アクセサリーメーカーから市販されているさまざまな流量設定のネブライザーから，構築したい結合システムの液流量に応じたネブライザーを選択することがシステム構築の第一歩となる．

6.3.2 液相分級装置との結合システムを利用する際の留意点

液相分級装置と ICP–MS 装置との結合システムを用いる場合，結合方法だけではなく，試料の調整過程および計測過程において生じる溶出汚染および吸着（堆積），試料および移動相（流れ場）に含まれる分散剤・添加剤について別途考慮する必要がある．以下，順に留意点をまとめる．

(1) 溶出汚染および吸着（堆積）に関する留意点

MALS，UV などとは異なり，通常の ICP-MS 計測（後述する sp ICP-MS は除く）では粒子とイオンを区別することができない．したがって，粒子の溶出・吸着だけでなく，ほかの方法では問題とならない試料容器および計測システム内の接液部からのイオンの溶出も別途考慮しなければならない．たとえば，ケイ酸粒子が計測対象であれば，Si イオンが溶出するガラス製品の利用を極力避け，試料容器や移動相（流れ場）のリザーバータンクには，事前に洗浄した樹脂製品を用いることが望ましい．また，$CaCO_3$が計測対象の場合は，樹脂製品の可塑剤として Ca が添加されている可能性があるので，容器などからの溶出レベルが無視できるかどうかを事前に確認する必要がある．

流路内の粒子の吸着（堆積）に関しても，ほかの検出器を用いる場合以上に注意が必要である．ICP-MS はほかの検出法と比較して感度がよいがために，ほかの方法では問題とならなった経路内吸着（堆積）粒子の再溶出も問題となる．たとえば，いずれの分級装置においても試料導入バルブ部を含む装置内へのある程度の粒子吸着は避けることができない．また，吸着挙動も粒子組成・サイズ，試料マトリクス（たとえば乳製品への添加粒子が計測対象である場合など）で大きく異なる．したがって，吸着粒子が計測に影響を及ぼさないレベルであることを事前確認するとともに，計測対象粒子の添加回収試験をあらかじめ行い，粒子サイズなどによる回収率の偏りがないか確認する必要がある．なお，添加回収率試験における添加量は，計測対象の 2～3 倍量に留めるのが一般的である．

(2) 試料および移動相（流れ場）に含まれる分散剤・添加剤

移動相（流れ場）に界面活性剤あるいは有機溶剤を含む場合には，ネブライザーの選択および配管以外にも留意すべきことがある．界面活性剤，有機溶剤ともに，ネブライザーの噴霧に大きな影響を与える．また多量に含まれるとプラズマを維持できなくなり，同時に煤（すす）によるトーチインジェクタ，スキマーコーンなどの目詰まり問題を引き起こす．したがって，界面活性剤もしくは有機溶剤を多量に含む場合には，

①分級装置側の流量を下げることでプラズマへの負荷を軽減する
②スプレーチャンバーを冷却することで脱溶媒する
③噴霧ガスなどにO_2を混合することで煤の発生を抑制する

などの対策が必要となる．①の分級装置における流量に関しては，ICP-MS装置でハンドリングしやすい流量の下限が0.1 mL/min程度であるので，そのあたりが目安となる．②のスプレーチャンバーの冷却に関しては，有機溶剤の含有割合に応じて冷却温度を設定する．多くの場合は2℃程度であるが，溶剤割合が多い場合には−5℃程度まで冷却することで，プラズマへの有機溶剤導入量を大幅に減じることができる．多くのICP-MS装置がデフォルトもしくはオプションでスプレーチャンバーの電子冷却ユニットを利用することができる．③の噴霧ガスなどに酸素ガスを混合する場合には，噴霧ガス流量に対して数%のO_2を混合する．酸素ガスをプラズマに導入するとICPの高周波（RF：radio frequency）マッチング条件が変化するので，O_2を混合する際には，RF反射波をモニターしながらプラズマが消灯しないようにゆっくりと混合するのがポイントになる．多くの装置はRFマッチングが自動化されているが，自動化されていない場合には，ソフトウェア上で手動調整する必要がある．

6.3.3 気相分級装置との結合方法

ICP-MS装置は，気相分級装置である微分型移動度分析器（DMA）と結合システムを構築することもできる．結合の際には，DMA出口からの気流をプラズマトーチに導入する．気相がアルゴンガスの場合は，直接プラズマトーチに導入することができるが，それ以外のガス流ではプラズマの安定維持が難しくなるため，細孔ガラスを用いたガス置換器などによって気流ガスをArガスへ置換するか，スプリットしたガス流をArガスで希釈する必要がある．

DMAとICP-MSの結合システムは，気中粒子（たとえば大気浮遊粒子など）の分析のみならず，分散液中粒子の評価にも用いられている．その際には，分散液を噴霧微細液滴化し，液滴を気流乾燥させたのちに荷電装置を通してDMAに導入する．噴霧方法としては，静電噴霧（エレクトロスプレー）もしくは，インパクタを利用した気体駆動噴霧が用いられている．

DMA と ICP-MS を組み合わせる場合，DMA 単体ではなく，凝縮粒子計数器（CPC）を組み込んだ走査移動度粒径計測器（SMPS：scanning mobility particle sizer）として組み合わせるケースが増えている．システムフロー内で粒子数をカウントできるので，ICP-MS による定量値を用い，かつ粒子を真球仮定することができれば，サイズ画分ごとの平均密度を概算することも可能である．

粒子分級法と ICP-MS の組み合わせは，ICP-MS を高感度な元素選択的な検出器と考えるとイメージしやすいよ．
装置の接続も，注意点はいくつかあるけれど，とても簡単にできるよ．

6.4 sp ICP-MS

シングルパーティクル（sp）ICP-MSは，分級装置を用いることなくICP-MS装置単独で液中あるいは気中に含まれる特定成分粒子の存在量（個数濃度など）およびサイズ情報を得ることができる計測方法である．図6.7にsp ICP-MSのイメージ図を示す．

sp ICP-MSでは，粒子分散液もしくは粒子を含む気体を装置に導入し，高時間分解の時系列計測によって，プラズマ内で粒子が分解して生成するイオンを粒子ごとに計測する．1粒子から生成するイオンは400 μs程度の幅をもつ時系列シグナルとして計測される（イベントピークとよばれる）．イベントピーク面積分値が粒子から生成したイオン量に比例するので，元素標準液あるいはサイズ既知の粒子を用いて感度校正することができれば粒子ごとに計測成分の物質量をそれぞれ算出することができる．また，粒子検出数（イベント

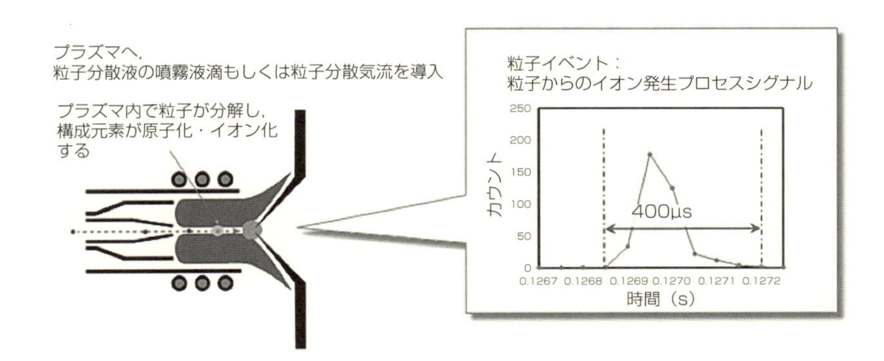

図 6.7 sp ICP-MSのイメージ図

100 μs程度の時間分解能で計測することで，多点ピークとして粒子イベントを粒子ごとに個別測定

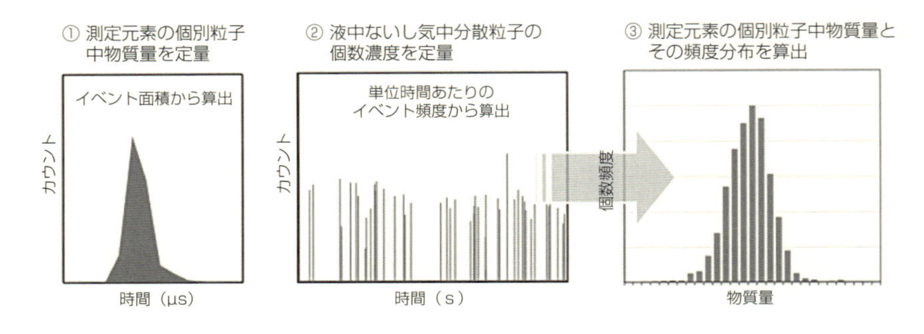

図 6.8　**sp ICP–MS で得られる情報**

組成，形状，密度を仮定することで，サイズ（あるいは粒子径）分布を概算可能．

ピーク数）がプラズマに導入された粒子数であるので，プラズマへの粒子導入効率を見積もることができれば分散液および気中粒子の個数濃度を定量することができる（図 6.8）．なお，プラズマへの粒子導入効率の見積もりおよび感度校正の具体的な方法については後述する．

粒子組成，シェル・コアなどの構造および粒子密度値が既知であり，かつ粒子形状を真球仮定すれば，粒子ごとの成分物質量から粒子径を概算することもできる．単一元素からなる粒子で，真球形状を仮定した場合の粒子径算出式を以下に示す．

$$\text{概算粒子径}\ d_{\mathrm{p}}=\sqrt[3]{\frac{6\,m_{\mathrm{p}}}{\rho\pi}} \tag{6.1}$$

ここで，m_{p} は計測元素の物質量（g），ρ は粒子の密度（g/cm^3）である．

sp ICP–MS の最大の特徴は，夾雑物が多い中での特定成分粒子のサイズ，組成および存在量情報を得ることができることである．上記のように，物質量からサイズ情報を得るには，粒子組成および構造既知で，真球および均一密度仮定などの前提条件が必要である．しかしながら，特定成分粒子を選択的に計測することができるので，環境水中の天然微粒子，食品添加微粒子，動植物の微粒子取り込み挙動解明など，夾雑物が多くほかの計測方法の適用が難しい分析への利用が急速に拡大している．

以下，sp ICP–MS のシステム概要，計測における諸条件，サイズ検出限界および計測ダイナミックレンジに関して順に概説する．

6.4.1
sp ICP-MS のシステム概要

sp ICP-MS に用いる ICP-MS 装置は，前述の分級装置との結合システムに用いるものと同様である．液中粒子計測であれば，分散液をネブライザーで微細液滴化し，粒子を含む噴霧液滴としてプラズマに導入する．気中粒子計測であれば，ガス置換器などを用いることで粒子を含む気流をアルゴン流に置換してプラズマに導入する．ただし，制御ユニットおよびソフトウェアは高時間分解計測に対応している必要がある．

sp ICP-MS における時間分解は，各計測点における計測時間に相当する．通常の ICP-QMS，ICP-MS/MS および ICP-SFMS 計測では，各計測点の計測時間は質量分析計が計測 m/z を設定する時間（settling time）とその m/z における滞留時間（dwell time）とで構成されている（図 6.9）．したがって，sp ICP-MS 計測では settling time をゼロに設定する必要がある（sp ICP-MS 計測モードがオペレーティングソフトウェアに組み込まれている最新装置の場合は，settling time ゼロ設定になっている）．

一方，ICP-TOF-MS 装置を用いた計測では，各計測点における計測時間はフリーフィールド領域へのサンプリング時間とその 10 倍以上の時間に相当する飛行時間＋検出時間によって構成されている．飛行時間＋検出時間は原理的にゼロにすることができないので，ICP-TOF-MS における個別粒子計測は非連続計測となってしまう．

ICP-TOF-MS 装置を用いた sp ICP-MS 計測はやや特殊例となるので，以下の解説では，ICP-QMS，ICP-MS/MS および ICP-SFMS 装置を用いた場合に限定する．

6.4.2
sp ICP-MS 計測における諸条件

sp ICP-MS によって分散液ないし気中の粒子個数濃度計測および粒子サイズ計測を行うには，(1) 時間分解能（time resolution）に関する条件，(2) 粒

(a) 計測サイクルに質量分析計が計測 m/z を設定する時間（$t_{settling}$）が含まれており，m/z における滞留時間設定（t_{dwell}）が粒子イベント生成時間よりも長い場合

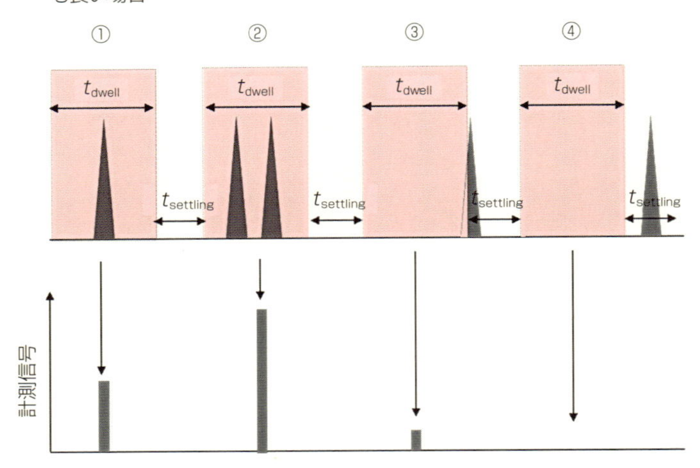

(b) 計測サイクルに $t_{settling}$ が含まれず，t_{dwell} が粒子イベント生成時間よりも短い場合（たとえば t_{dwell} 100 μs の場合）

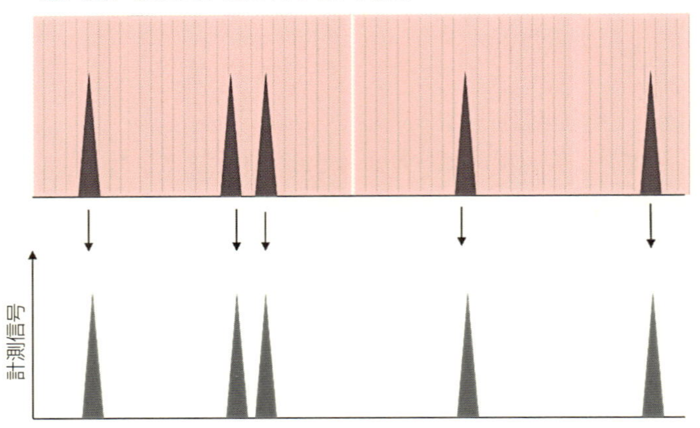

図 6.9　setting time と dwell time のイメージ図

(a) 計測信号は t_{dwell} における積算値として得られ 1 つの計測点で，① 1 粒子から生成したイオンが計測される，② 2 つの粒子から生成したイオンが計測される，③④ t_{dwell} の区間で生成したイオンのみが計測される，$t_{settling}$ の区間で生成したイオンは計測されない．

(b)・粒子イベントは多点ピークとして計測される．
・プラズマへの粒子導入頻度を 200 個／sec 程度に調製することで，同一計測点における 2 個以上の粒子の計測確率を大きく減じることができる．

出典：A. Hineman, C. Stephan：*J. Anal. At. Spectrom.*, **7**, 1252–1257,（2014）をもとに作図

子導入効率補正に関する条件，(3) 物質量定量のための感度校正およびサイズ概算に関する条件を満たす必要がある．

(1) 時間分解能 (time resolution) に関する条件

時間分解能は，単位時間当たりの計測可能粒子数（すなわちプラズマへの粒子導入頻度限界），粒子サイズ分布および個数濃度の計測精度，サイズ検出限界およびサイズ計測ダイナミックレンジに大きく影響を与える因子であり，単一粒子のイベントピークを多点ピークとして計測することができる時間分解能 100 μs 前後が sp ICP–MS にとって好適値となる．以下に，その理由をまとめる．

①粒子導入頻度の限界値への影響

sp ICP–MS は粒子を個別計測する方法であるので，プラズマへの粒子導入頻度は，同一計測点において 1 つ以上の粒子が検出されない（すなわちプラズマに導入されない）時間間隔となる頻度が限界値となる．時間分解能が高くなれば粒子導入頻度の限界値も高くなるが，単一粒子のからのイオンの生成時間幅は 200～400 μs 程度であるので，イベントピークを多点計測できる時間分解能である 100 μs 程度で粒子導入頻度の限界値は最大に達し，以降は一定となる．

好適値である時間分解能 100 μs 前後におけるプラズマへの粒子導入頻度上限の理論値はポアソン分布を仮定するとおよそ 2000 個/sec になる．しかしながら，噴霧導入の場合，プラズマへの粒子導入はランダムになるので，200～300 個/sec が実質的な上限値となる．したがって，たとえば試料液導入流量 0.5 mL/min で，プラズマへの粒子導入効率 10% である場合，分散液中個数濃度の実質的な上限値は 300（個/sec）×60（sec）÷0.5（mL）÷0.1 $=3.6\times10^8$（個/mL）程度となる．

②サイズ分布および個数濃度計測精度への影響

時間分解能がイオン生成時間幅（200～400 μs 程度）より荒い場合（dwell time が長い場合），無視できない確率で 1 つの粒子の検出が 2 つの計測点にまたがるため，実際より小さい粒子サイズが複数個検出されることになり，サイズ分布および個数濃度計測の精度が悪くなる．一方，時間分解能 100 µs 前後であれば，単一粒子に起因するイオン生成は多点イベントピークとして計測することができるので，そのような問題を回避することができる．

③サイズ検出限界およびサイズ計測ダイナミックレンジへの影響
前述のとおり，時間分解能 100 µs 前後では単一粒子のイベントピークを多点ピークとして計測できるようになるので，シグナルバックグラウンド（S/B）比が改善され，結果としてサイズ検出限界も低くなる．

また，イベントピークを多点ピークとして計測することで，各計測点における検出器の不感時間による数え落しの補正の確度も増すことから，大きな粒子のサイズ計測が可能となり，結果としてサイズ計測ダイナミックレンジも大きいサイズに広がることになる．

以上，時間分解能に関して，時間分解能 100 µs 前後が sp ICP-MS にとって好適な設定値となる理由について解説した．2015 年前後に開発された ICP-MS 装置の多くは時間分解能 10～10,000 µs での計測が可能な仕様になっている．また，それ以前の装置もファームウェアおよびソフトウェアが対応していないだけで，二次電子増倍管（EM：electron multiplier）からの電気信号はナノ秒オーダーの時間分解能を有している．したがって，EM から直接信号を読み取るシステムを自作すれば，旧式の装置でも時間分解能 100 µs 前後の計測が可能となる．読み取りシステムを自作する場合，パルスシグナル，アナログシグナルのどちらを読み取るかで組み立てるシステムが異なる．パルスシグナルを読み取る場合には，6.2.4 項で述べた検出器の不感時間の補正処理を計算処理過程で行う必要がある．

(2) プラズマへの粒子導入効率補正に関する条件

sp ICP-MS で液中ないし気中粒子の個数濃度を定量するためには，プラズマへの粒子導入効率を補正する必要がある．プラズマへ粒子導入効率を見積もる方法としては，以下の 3 つの方法が提案されている（図 6.10）．

(a) プラズマトーチへの導入液滴量から見積もる方法
(b) 粒子分散液計測におけるピークイベント数から見積もる方法

(a) ネブライザーへの導入液量から見積もる方法

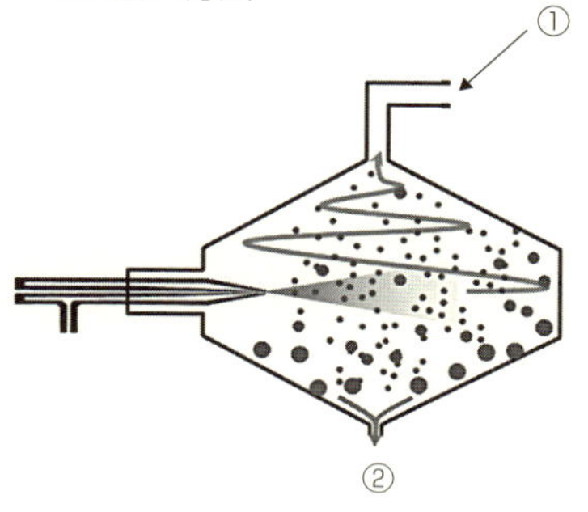

(b) 単位時間あたりのピークイベント頻度から見積もる方法

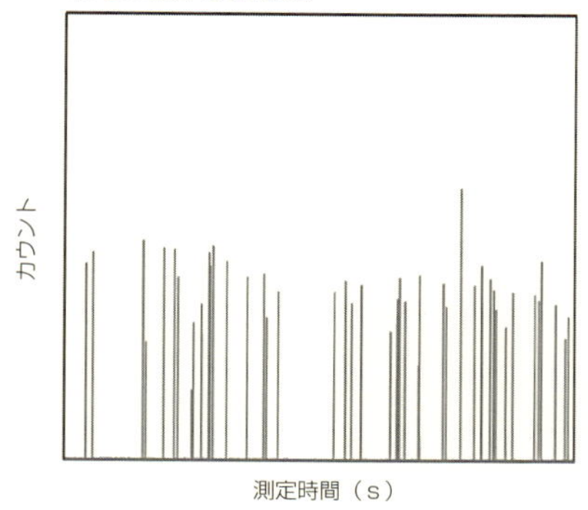

(c) 元素標準液と粒子の信号強度比から見積もる方法

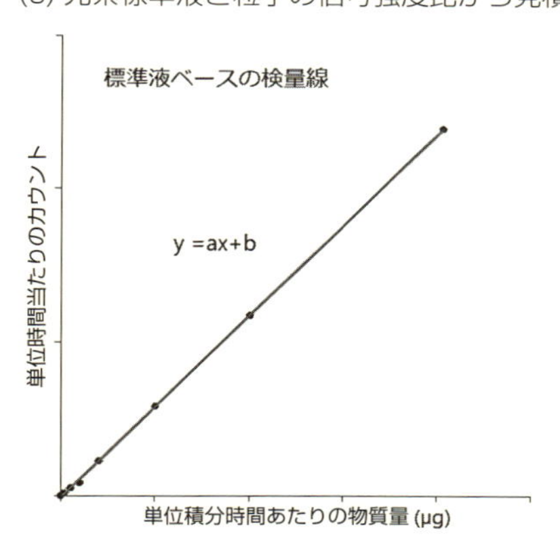

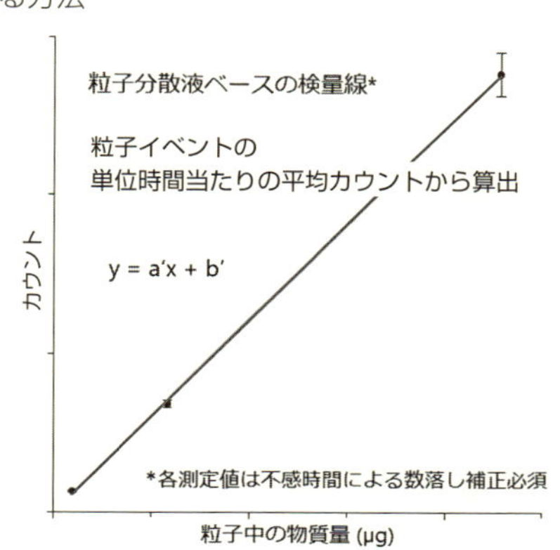

図 6. 10　導入効率補正のイメージ図

(a) ①スプレーチャンバー出口以降で，モレキュラーシーブなどの吸水剤で液滴を捕集し，導入液量を見積もる．
②ドレイン液を捕集し，導入液量との差分からプラズマへの導入効率を見積もる．
(b) 個数濃度既知の粒子分散液を導入し，単位時間あたりの粒子イベント頻度から導入効率を見積もる．
(c) 元素標準液の測定信号強度と物質量既知の粒子のピークイベント強度の比から導入効率を見積もる．元素標準液の多点検量線の傾きと，同一組成でサイズの異なる粒子分散液を用いて作成した検量線の傾きの比が算出に用いられる．

(c)元素標準液と粒子の信号強度比から見積もる方法

(a)のプラズマトーチへの導入液滴量から見積もる方法は，ネブライザーへの試料送液量とスプレーチャンバーにおけるドレイン液量もしくはプラズマトーチへの導入液滴量から見積もる方法である．ドレイン液に関してはチャンバードレインから直接採取し，プラズマトーチへの導入液滴はトーチインジェクタ内にフィルターないし吸水剤（たとえばシリカゲル）を充填して採取する．ドレイン量から見積もる場合は，ネブライザーへの送液量とドレイン量の差分をプラズマへの試料導入量として評価する．これらの方法は，チャンバー内での液滴蒸発，スプレーチャンバー内壁の濡れなどの影響を強く受けるため，プラズマへ粒子導入効率を正確に見積もることが難しい．しかしながら，特にドレイン採取法は，ほかの方法に比べて手軽に行えることから，実際には最もよく用いられている方法である．

(b)の粒子分散液計測におけるピークイベント数から見積もる方法は，個数濃度既知の粒子分散液を計測し，得られるピークイベント数から見積もる方法である．直接的に導入効率を求める方法であるので操作自体は非常に簡便であるが，個数濃度既知の計測対象粒子の分散液を用意することは容易ではない．実際，TEM などによって粒度分布および個数濃度が評価されているナノ粒子分散液は試薬メーカーなどから入手できるものの，それらはいまだ玉石混淆であり，さらには希釈・保存条件によっても個数濃度変化が生じる可能性があるためである．したがって，個数濃度を認証した粒子分散液標準物質などが整備され，それらが手軽に利用できるようになるまでは，下記ほかの方法とクロスチェックしながらの併用が望ましい．

(c)の元素標準液と粒子の信号強度比から見積もる方法は，元素標準液と粒子とで物質量当たりの感度差がないこと，元素標準液のプラズマへの導入量と計測信号強度が直線比例すること，さらには粒子の平均物質量が既知であることを前提条件として，元素標準液の計測信号強度と物質量既知の粒子のピークイベント強度の比から見積もる方法である．実際には，元素標準液の多点検量線の傾きと，同一組成でサイズの異なる粒子分散液を用いて作成した検量線の傾きの比が算出に用いられる．

通常の sp ICP-MS の計測条件においては，粒子サイズが 100 nm 未満であれば，粒子と元素標準液とで物質量当たりの感度差が生じないことが示されており，元素標準液のプラズマへの導入量と計測信号強度もある程度直線比例することから，イオンカウントが検出器で飽和しないサイズ（元素組成によって異なるが，およそ 100 nm 未満）で単分散かつ平均物質量既知の粒子の分散液を用意することができれば，非常に簡便かつ有効な方法となる．しかしながら，上記(b)の方法と同様に，サイズ分布既知（平均サイズ既知）の粒子分散液を用意する必要がある．

粒子導入効率を補正する方法とは別に，粒子導入効率をほぼ 100% にすることで補正不要とする方法についても検討されている．具体的には，全量消費型試料導入によってプラズマへの導入効率を 100% 近くまで高める方法と，ピエゾ素子などを用いたマイクロ液滴発生器（いわゆるインクジェットヘッド）を用いて発生させた液滴をほぼ 100% プラズマに導入する方法とが検討されている．いずれも研究段階の技術ではあるが，安定に粒子を 100% 導入することができるようになれば，より確実な個数濃度定量をすることが可能となる．

気中粒子の個数濃度の定量においても，液中分散粒子の場合と同様，プラズマへの導入前の粒子損失を事前評価し，損失補正をする必要がある．しかしながら，絶対評価指標となる個数濃度既知の気中分散粒子を用意することは極めて難しいので，個数濃度既知の粒子分散液を噴霧乾燥させてプラズマに導入するなどの方法を用いて損失を見積もるなどが現実的である．

(3) 物質量定量のための感度校正およびサイズ概算に関する条件

粒子サイズを計測する場合には，まず粒子ごとの物質量を計測することになる．前述のとおり sp ICP-MS ではイベントピーク面積が粒子成分の物質量に比例するので，校正によって粒子ごとの元素成分の物質量を定量することができる．校正方法としては，元素標準液を用いて校正検量線を作成する方法と，平均物質量既知（あるいはサイズから概算可能）である同種の単分散粒子の分散液を用いる方法とがある．

元素標準液を用いて校正検量線を作成する方法は，前述のプラズマへの粒子導入効率の見積もり方法同様，元素標準液と粒子とで物質量当たりの感度差がないこと，元素標準液のプラズマへの導入量と計測信号強度が直線比例することを前提とする方法である．上記前提条件が成り立ち，なおかつ事前に元素標準液のプラズマへの導入効率を求めることができれば，下記式によりピークイベント強度当たりの物質量 W を算出することができる．

$$W = C_{\mathrm{STD}} \times Q_{\mathrm{sol}} \times f_{\mathrm{neb}} \times t_{\mathrm{dwell}} \tag{6.2}$$

ここで C_{STD} は元素標準液濃度，Q_{sol} はネブライザーへの試料液導入流量，f_{neb} はプラズマへの試料液導入効率，t_{dwell} は計測時間（dwell time）である．

ネブライザーへの試料液導入流量 Q_{sol} は容易に実測可能である．負圧吸引方式のネブライザーであれば，液量既知（秤量済み）の試料液を負圧吸引させ，残液を秤量することで単位時間当たりの減量分を算出すればよい．ポンプ送液の場合は，単位時間当たりの送液を捕集して秤量すればよい．

プラズマへの試料液導入効率 f_{neb} は，前述のプラズマへの粒子導入効率と同様の方法で概算することができる．厳密には異なるものであるが，多くの場合，その差異はサイズ概算に大きな影響を与えるほどの大きさにはならない．また，粒子導入効率同様，元素標準液をプラズマに 100% 導入することができれば補正そのものが不要となる．

また，マイクロ液滴発生器と液滴乾燥ユニットを用い，元素標準液から任意のサイズの粒子を生成し，それを粒子径校正標準として ICP-MS に導入する方法も試みられている．マイクロ液滴発生器より吐出される液滴のサイズ均質性は非常によいので，元素標準液の濃度をコントロールすることでサイズ分布幅の非常に狭い任意の大きさの粒子を生成させることができる．マイクロ液滴発生器および液滴乾燥ユニットは，2016 年時点で汎用的な技術にはなっていないが，将来的には sp ICP-MS における粒子径計測の校正に極めて有効な方法となり得る．

平均物質量既知の単分散粒子を用いる方法に関しては，標準として用いる粒子分散液から得られるイベントピーク面積分布から物質量に対する感度係数を算出する方法であり，プラズマへの液滴導入効率補正が不要な方法である．一方で，計測対象と同一組成で物質量既知（あるいは算出可能）な粒子が必要となるが，それらを用意することは容易ではない．実際にはアメリカ国立標準技術研究所（NIST）から頒布されている Au ナノ粒子標準物質 RM 8013（公称粒子径 60 nm）などを用いて得られる感度係数に，元素の違いによる感度差の補正を加えることで計測対象粒子の粒子径分布を算出することになる．たとえば NIST RM 8013 を校正に用いるのであれば，Au と計測対象元素の元素標準液を計測して感度差の補正係数を見積もり，NIST RM 8013 を計測することによって得られた感度係数を補正するなどである．

物質量から粒子径を見積もるには，粒子構造および密度情報が必要である．元素の金属粒子ないし酸化物粒子など，粒子組成および構造既知で，密度にサイズ依存がないこと，真球形状であることを仮定することで概算することができる．

6.4.3 sp ICP–MS のサイズ検出限界およびダイナミックレンジ

粒子のサイズ検出限界は，ICP–MS 装置における各元素の検出効率から概算することができる．たとえば，ICP–QMS 装置を用いて時間分解能 100 μs で Au ナノ粒子を計測する場合に，イベント面積分の計測下限値が 10 カウント（バックグラウンドはほぼゼロカウント）であると仮定する．QMS においてイオンが検出器に到達するまでに 4 桁の損失があると仮定すると，粒子検出限界は Au 1×10^5 atoms になる．1 mol 当たり 6.02×10^{23} atoms，Au の密度 19.3 g/cm^3 とすれば，Au 3×10^5 atoms は体積 1.7×10^{-18} cm^3 に相当し，粒子を真球と仮定すれば約 15 nm をサイズ検出限界として見積もることができる．

この概算からもわかるように，sp ICP–MS の粒子径検出限界は，プラズマからのイオンサンプリングおよび質量分析計内のイオン透過率に大きく依存する．ICP–SFMS 装置では ICP–QMS 装置より 1 桁上のイオン透過率であるので，粒子径検出限界は 1/2 程度に改善される．しかしながら，現状の装置性能では，sp ICP–MS においては 10 nm 未満の Au ナノ粒子を計測することは極めて難しく，現実的にはルーチン分析で 20 nm 未満もかなり難しいといえる．なお，Au は高質量数かつモノアイソトピックで，スペクトル干渉も汚染もほとんどない非常に計測しやすい元素であるので，サイズ検出限界が 20 nm 程度になるが，元素によっては粒径検出限界が 100 nm 以上になる．

sp ICP-MS 計測における粒子サイズの実質的なダイナミックレンジは1桁程度である．ICP-MS による物質量計測のダイナミックレンジは5～6桁（パルス検出のみの場合）あるが，粒子径は真球仮定において物質量の3乗根に比例することになるため，確実にサイズ計測ダイナミックレンジは2桁未満となる．さらに，プラズマ中で完全分解できるとされる粒子サイズ限界が200～500 nm 程度（元素・組成による）であること，粒子サイズ検出限界が最も低い場合でも10 nm 前後であることから，2桁未満がやはり実質的な計測ダイナミックレンジとなる．

6.5 粒子分級法などと sp ICP-MS の組み合わせ

sp ICP-MS は，粒子分級法，オンライン前処理法，サンプリング法などと組み合わせることで，さまざまなサイズ情報を相補的に得ることができるようになる．たとえば FFF，HDC，SEC と sp ICP-MS を組み合わせる場合，FFF，HDC，SEC などによる分画は流体力学に基づくサイズ分画であるので，粒子の物質量に基づくサイズ（真球仮定の半径）と流体力学に基づくサイズ（流体力学半径）の二次元分布計測をすることができる．したがって，弱い凝集体（agglomerates）評価あるいは，同一サイズ分画内での物質量分布から密度分布を概算することも可能である．

また，sp ICP-MS のサイズ検出限界は 20 nm 前後，組成元素によっては 100 nm 以上になることからサイズ計測能力を補完するために粒子分級法と組み合わせることも検討されている．たとえば FFF は 20 nm 未満の粒子を分級することができるので，20 nm 未満は FFF-ICP-MS のフラクトグラムで評価，20 nm 以上の粒子は sp ICP-MS でより精密にサイズ粒径分布評価を行うといった方法が検討されている．ただし，FFF-ICP-MS と sp ICP-MS では計測可能な粒子個数濃度が 3 桁以上異なることから，スプリッティングシステムやオンライン自動希釈システムなどを別途必要とする．ほかの分画方法も，軒並み計測可能な粒子個数濃度のマッチングに難があるが，CE に関しては必要試料量が数十ナノリットルであることから，sp ICP-MS とのマッチングがよいと考えられる．

一方，分級方法をベースに考えると，sp ICP-MS は非常に高感度かつ元素選択的な粒子検出方法となる．そのため，試料中粒子個数濃度が非常に希薄な環境水試料の分析などに分級方法を用いる場合の粒子検出法として sp ICP-MS を用いるケースも増えている．

試料中に存在する計測対象元素の溶存イオンを取り除き，実質的なサイズ検出限界を改善する方法として，イオン交換法とsp ICP-MSを組み合わせる例も報告が増えている．特に溶存イオンが多量に含まれている最終製品や，環境水や食品中に含まれる粒子の分析に対して有効な方法となり得ることから，今後も応用例が増えるものと予測される．

本章では，質量分析法としてICP-MSに要点を絞り，ICP-MSを用いたナノ粒子計測において必要となる基礎知識と，分級技術とICP-MSの組み合わせ，またsp ICP-MSの分級技術などとsp ICP-MSの組み合わせについてそれぞれ概説した．

文中でも何度か触れたが，ICP-MSは化学情報に基づいて粒子を同定，粒子数を計測あるいは物質量を定量する方法である．残されている技術課題なども当然のことながらあるが，計測対象粒子に対する選択性が高いことから，ほかの粒子計測方法では評価が難しい，混合材料，最終製品や環境試料といった夾雑物が多い中での粒子のサイズ，存在量および組成評価などに応用されている．また，画像解析を基盤とする計測技術に比べると，計測スループットが非常によいことから，ナノ粒子素材のサイズ均質性スクリーニング方法としても利用が拡大するものと予測される．

参考文献

1）田尾博明ほか著，日本分析化学会編：『分析化学実技シリーズ　機器分析編 17 誘導結合プラズマ質量分析』共立出版（2015）

2）JIS 通則：JIS K 0133 : 2007 JIS 高周波プラズマ質量分析通則

Chapter 7

ナノ粒子計測法の国際標準化

産業（工業）活動を行う場合の「よりどころ（合意された取り決め）」を標準（工業標準）という．我が国では法律に基づき制定される国家規格として JIS（日本工業規格）があり，JIS マークの付いた工業製品が身の回りにもたくさんある．これに対して国際的な枠組みに従って標準を設定する一連の活動を国際標準化という．国際標準化は，産業活動のグローバル化に伴い，その重要性を増している．このため，ナノテクノロジーのように産業の立ち上がり期からでも，欧米のみならずアジアやその他の地域の国々で，意欲的な取り組みが開始されている．

本章では，国際標準化機構（ISO）の新しい専門委員会 TC229 としてスタートしたナノテクノロジーの国際標準化活動の概要を紹介する．あわせて国際標準化に関わる各国の活動状況について，特にナノ粒子の規制との関係で関心の高い，ナノ粒子のサイズやサイズ分布の計測法に関わる国際標準化を中心に紹介する．

7.1 標準と国際標準化

「標準」という言葉が，「物事を行う場合のよりどころとなるもの」を意味することは，読者も広く認識しているだろう．産業（工業）活動を行う場合の「よりどころ」が，本書で対象とする標準であり，「工業標準」という場合もあるし，「規格」という場合もある．国際標準化とは，国際的な枠組みに従って「工業標準」を設定する一連の活動を意味する．

よく似た言葉に「計量標準」がある．これは，長さや質量，時間などの計量を国際的に整合させるために一元化（定義）された単位を意味する．これに対して，「工業標準」は，「自由に放置すれば多様化，複雑化，無秩序化する事柄を少数化，単純化，秩序化するための取り決め」と定義される[1]．もともとは，一つの製品の部品の「互換性」を求める取り組みから始まったものが，同様なモデル（製品）間の互換性の要求に応え，さらにはモデルが異なっても共有化できる要求に応えることで，標準化が進展してきた．代表的なものに，ネジとネジ回しがあり，これは20世紀末に，1000年の歴史の中で最も有用な道具と位置づけられたこともある[2]．工業標準が果たす意義と機能を簡単に取りまとめたものを，表7.1に示す．

産業活動の主たる領域・対象が一つの国でほぼ閉じている時代にあっては，それぞれの国で決めた「取り決め」が大きな意味を持っていた．日本では，国が定める工業標準としてとして日本工業規格（JIS）が制定されており，身近で目にするJISマークは，表示された製品が該当する工業標準（JIS規格）に適合していることを示すものである．

しかしながら産業活動のグローバル化に伴い，個々の国の取り決めの間の整合性が問題となり，国際標準化活動の重要性が増してきた．特に，世界貿易機関（WTO）において，「貿易の技術的障害に関する協定（TBT協定）」が締結

表 7.1 工業（国際）標準を定める意義とその機能

●工業（国際）標準を定める意義
▶自由に放置すれば，多様化，複雑化，無秩序化する事柄を少数化，単純化，秩序化すること（最近では省資源的な価値も強調されている）
●工業（国際）標準の機能
▶経済活動に資する機能
製品の適切な品質の設定，製品情報の提供，技術の普及，生産効率の向上，競争環境の整備，互換性・インタフェースの整合性の確保
▶社会的目標の達成手段としての機能
"産業競争力の強化"，"環境・安全・権利の保護"，"省エネルギー・省資源の推進"などの政策目標の遂行手段
▶相互理解を促進する行動ルールとしての機能
▶貿易促進としての機能

出典：日本工業標準調査会（JISC）のホームページの記述を整理

された1995年以降は，国際標準化がさらに強く要請されることになった．協定の中に，「国内規格は正当な理由がない限り国際規格を基礎として作成されなければならない」ことが明記され，WTO加盟国にその遵守を義務付けたからである．

国際標準（国際規格）は，さまざまな標準化審議機関で議論され制定される．その代表的なものは，ISO（国際標準化機構），IEC（国際電気標準会議），ITU（国際電気通信連合）で，IECとITUはそれぞれ電気・電子技術分野と通信分野の，ISOはそれ以外の全産業分野（鉱工業，農業，医薬品など）の国際標準を扱っている．それぞれは傘下に多数の専門委員会（TC）や分科委員会（SC）を擁しているが，2000年以降，標準化先進国・地域の欧州に加えて，アジアの国々も積極的にTCやSCの幹事国業務を担い，国際標準化活動の主導権を獲得する動きが強まっている．

7.2 ナノテクノロジーと ナノ物質計測法の国際標準化

ナノテクノロジーに対する世界的な期待の高まりについては，第1章に記述した．それに少し遅れた2004年頃から，ナノテクノロジーの国際標準化に対する関心が欧州，米国，日本で高まってきた．その背景には，ナノテクノロジーが社会にもたらすポジティブな効果（ベネフィット）への期待とともに，これまで人類が手にしたことのないサイズのナノ物質(構造体)が及ぼすかもしれない危険性（ポテンシャルリスク）への関心が高まってきたことがある．特に欧州では，「予防原則」の考え方のもとに，「ナノ物質（構造体）が生体・環境に及ぼす影響がはっきりとは見通せない段階でも，予防的措置をとるべき」との考え方から，規制に対する関心の高まりを示した．

それを踏まえて，英国主導のもとに2005年にはISOで「ナノテクノロジーに関する専門委員会(TC 229)」が発足し，翌年にはドイツ主導のもとにIECで「電気・電子分野の製品及びシステムのナノテクノロジー」が発足した．ISO/ TC 229には，2017年12月末現在で36の国が活動に積極的に関わるPメンバーとなり，5つの作業グループ(WG)に分かれて積極的な活動を展開している．WGの構成は，WG 1が「用語と命名法」，WG 2が「計測と特性評価」で，この2つのWGはIEC/TC113と共同で運営している（JWGとよばれる）．残りはWG 3「環境・健康・安全」とWG 4「材料規格」，WG 5「製品と応用」である．ナノテクノロジーが及ぼす環境や健康，安全への影響を科学的知見に基づいて客観的に評価するための指標づくりをWG 3の活動として位置づけたことに，ポテンシャルリスクに対する社会の高い関心をみることができるであろう．

ナノ物質の計測法に関する国際標準化は，WG 2で取り組まれている．ここで「計測」と「特性評価」との違いについて，著者は次のように考えている．

一言でいえば「計測（measurement）」は，「変動する計測対象量を，基準となる物理量に対して比較する（比を求める）こと」を意味し，「特性評価（characterization）」は，「ある物質・材料を再生産するために必要となる特性を調べること」を意味する[3)].

TC 229では，この「特性評価（characterization）」の立場から，主たる対象を単層カーボンナノチューブに重点化して標準文書の準備を進めている．表7.2に，これまでJWG 2がカーボンナノチューブ関連で出版した規格の一覧を示す．ここでTR（technical report）は技術報告書でデータを中心にした参照文書，TS（technical specification）は技術仕様書で標準化の前段階の文書を意味する．ナノテクノロジーがまだ発展途上にあることを反映して，発効された標準文書には3年後の見直しが求められるTSが多い．規格番号に◎印をつけたのは日本（JISC）提案であり，日本の貢献が大きいことがわかるであろう．

標準づくりは国際間の合意に基づくものなので「共創」作業.
でも自国の製品の海外展開に有利になるようにするためには「競争」意識も働く.
ナノテクノロジーの標準化は後者の側面が強いかな.

表 7.2 カーボンナノチューブの計測法に関する ISO の規格例

規格番号	規格タイトル	提案団体／提案国	出版年
◎TS 10797	Characterization of single-wall carbon nanotubes using transmission electron microscopy	ANSI／米国 JISC／日本	2012
TS 10798	Charaterization of single-wall carbon nanotubes using scanning electron microscopy and energy dispersive X-ray spectrometry analysis	ANSI／米国	2011
◎TS 10867	Characterization of single-wall carbon nanotubes using near infrared photoluminescence spectroscopy	JISC／日本	2010
◎TS 10868	Characterization of single-wall carbon nanotubes using ultraviolet-visible-near infrared (UV-Vis-NIR) absorption spectroscopy	JISC／日本	2017
◎TR 10929	Characterization of multiwall carbon nanotube (MWCNT) samples	JISC／日本	2012
◎TS 11251	Characterization of volatile components in single-wall carbon nanotube samples using evolved gas analysis/gas chromatograph-mass spectrometry	JISC／日本	2010
TS 11308	Characterization of single-wall carbon nanotubes using thermogravimetric analysis	ANSI／米国 KATS／韓国	2011
TS 11888	Characterization of multiwall carbon nanotubes -- Mesoscopic shape factors	KATS／韓国	2017
TS 12025	Quantification of nano-object release from powders by generation of aerosols	DIN／ドイツ	2012
TS 13278	Determination of elemental impurities in samples of carbon nanotubes using inductively coupled plasma mass spectrometry	SAC／中国	2017

◎印は日本（JISC）による提案

7.3 ナノ物質：規制の動きと認証の動き

ナノ粒子のポテンシャルリスクに対する関心は，国際標準化機関以外でも関心の対象となっている．経済協力開発機構（OECD）は，工業ナノ材料作業部会（WPMN）で着目するナノ材料の安全性に関わる評価を系統的に進め，ヒトの健康や環境への安全性に関するレポートを刊行している．OECD で検討済みなのは，表 7.3 に示す 11 個のナノ材料である．検討に際しては材料ごとにレポートを作成する担当国を決め，OECD 加盟国の協力（スポンサーシッププログラム）のもとに推進している．日本は 11 個のナノ材料のなかで，単層（および多層）カーボンナノチューブとフラーレン（C_{60}）の評価を担当し，すでに評価レポートを提出している[4)]．このようなナノ物質評価の動きと並行して，ナノ物質に関わる規制も始まっている．フランスは 2013 年 1 月から，ナノ物質の届け出に関する規制を開始した．工業的につくられたナノ物質を 100 g 以上扱う場合それらを製造，輸入，販売する業者のみならず，研究所，特定使用者（professional users）も量と使用目的に関して届け出なければならなくなっている．当然のことながら，フラーレン（C_{60}），グラフェン（の破片），単層カーボンナノチューブも含まれている．ここで，対象となるナノ物質のサ

表 7.3　OECD で検討された代表的ナノ素材

酸化セリウム	二酸化ケイ素
デンドリマー	銀ナノ粒子
フラーレン（C_{60}）	単層カーボンナノチューブ（SWCNT）
金ナノ粒子	二酸化チタン（NM 100–NM 105）
多層カーボンナノチューブ（MWCNT）	酸化亜鉛
ナノクレイ	

イズは，1～100 nm サイズのもので，ナノ物質（粒子）が単独でなく凝集して存在している場合でも，個々の粒子のサイズとサイズ分布を届ける必要がある．対象サイズの小ささを考えると，その大変さがわかるであろう．

2013年から規制導入したフランスの届け出実績は，1年目は3,400件程度であったが2年目には10,400件程度に急増しており，その後（2015年，2016年）も14,000件台と制度が定着してきたことをうかがわせる．同様な規制は，フランスに続いて，デンマークやベルギーでも始まっており，今後欧州を中心に規制導入が展開されるものと考えられる．

一方，ナノテクノロジーのポジティブな側面にスポットライトを当てて，機能認証という形でその展開にお墨つきを与えようとする取り組みもすでに始まっている．台湾でスタートした「ナノマーク制度」がそれで，新しい機能発現を確認できた良い製品であることを保証することを企図してマークを付与する取り組みが行われている．この認証制度は2004年11月に設立された「nanoMark」制定委員会が進めているものであるが，国際工業規格（ISO）を適宜取り入れ，台湾における計量標準研究機関（工業技術研究院；ITRI）の協力も仰ぐ形で，いわば国を挙げて推進されている．

実際の認証プロセスは「nanoMark」を取得したい会社が販売対象とする製品がナノテクノロジーを使っていること，およびその製品の安全性などを文書で提出して，マークの取得を申請することから始まる．その際，「nanoMark」制定委員会の下部組織（operation office）が受けつけ，市場調査を通してその製品に対する需要を調べるとともに，「nanoMark」制定委員会の別の下部組織が技術的な審査にあたる．申請案件ごとに製品機能を審査するための実験手順と，ナノテクノロジーによって機能向上したかどうかの判断基準を策定する．その後，インターネットを使っての public comment の招請，および申請会社からの意見招請の段階を経て，実験手順と判断基準を確定し，審査する．

2014年までに，38の会社の1500に近い製品が，ナノテクノロジーによって新しい機能（たとえば，ナノサイズの光触媒による抗菌作用など）を発現できたものとして認証され，ナノマークを付与されている[5)]．

同様にナノテクノロジーを使った製品認証は，タイでも積極的に取り組まれている（nanoQ マークの認証）．このような品質認証や，さまざまな規制を考える上でも基盤となるのは，素材となるナノ物質（構造）のサイズや形状，あるいは含有される不純物の種類と量などを計測・評価する方法の確立と，それに基づく試験評価方法の標準化であり，さまざまな標準化団体が精力的に取り組んでいる．

7.4 国際標準化機関の活動状況

前節にあるように，ナノ材料の適切な管理（安全・安心の元に有効利用すること）に向けて，主たるナノ材料である，ナノ粒子の計測法に関する国際標準化が進められている．

微粒子の粒子径計測に関して ISO/TC 24/SC 4 が古くから標準化活動を行っており，粒子径計測あるいは評価法に関する 40 を超える国際標準が制定されている．しかしながら対象が 100 nm 以下程度のナノ粒子の領域になると，これまでの計測法では検出できない，あるいは正確な評価が困難などの問題があり，ナノ粒子に対応できる計測方法の国際標準化が，ISO/TC 24/SC 4，ISO/TC 229–IEC/TC 113 /JWG 2（以下 JWG 2），ISO/TC 256 などで進められている．ここでは，欧州のナノ材料規制への対応を目指した国際標準化に限って紹介する．欧州の届け出規制でのナノ材料の定義を，粒子径計測の観点から見ると，

①粒子径の識別（凝集体の場合は，それを構成する一次粒子径）
②各粒子径における個数濃度評価

が必要であり，凝集体を含む場合や粒子径分布が広範な場合，正確な評価は非常に困難である．2012 年欧州の共同研究機関である JRC (joint research center) は規制対応を念頭に置いたナノ粒子径計測方法の調査結果を公表し

た[6]．同レポートでは粒子計測方法を

①カウンティング法
　ナノ粒子を一つずつ計測する方法
　例：電子顕微鏡，走査プローブ顕微鏡など
②アンサンブル法
　ある体積に存在する多数のナノ粒子を同時に計る方法
　例：動的光散乱法，小角 X 線散乱法など
③フラクショネーション法
　ナノ粒子を大きさで選別する方法
　例：遠心沈降法，流動場分離法など

の 3 つに分類しそれぞれの長短を詳細に評価しており結論として，単独の計測法でナノ材料規制への該否判定を実現することはほぼ不可能としている．ナノ材料規制への該否判定に使える計測法の標準化といった観点から筆者らの研究結果も含めて，各分類の代表的な特徴を以下にまとめる．

①カウンティング法
　一つ一つの粒子を計測してその積算を取ることから，材料全体を代表する値を出すためには，サンプリングも含めて多くの工程が必要となる．また粒子径が広範に分布している場合，広範囲における倍率の補正や，粒子径の小さな粒子が大きな粒子の陰に隠れてしまい計測できないことがある．
②アンサンブル法
　DLS など散乱光強度が粒子径の 6 乗に比例することから，小粒子径の寄与が消されてしまう．凝集体の一次粒子は計測できない．
③フラクショネーション法
　凝集体の一次粒子は計測できない．

国際標準化においては，現在複数の計測技術を組み合わせて評価する方法の標準化，およびナノ粒子計測として実績のある単独の計測方法において特定の材料を用いて，標準化できる範囲と程度の探索を含めた活動が行われている．
　複数の計測技術の組み合わせとしては，カウンティング法，アンサンブル

法，フラクショネーション法をすべて組み合わせた評価方法の標準化がJWG 2で進められている．同法のナノ粒子径評価方法は以下のとおりである．

1. フラクショネーション法である流動場分離法を用いて材料を外径ごとに分級する．
2. 動的光散乱法などのアンサンブル法を用いて各分画を評価する．
3. 電子顕微鏡などのカウンティング法を用いて各分画における凝集体の確認も含めて粒子径（凝集体の場合は一次粒子径とその分布）を評価する．
4. 上記1～3の結果を総合評価して材料に含まれるナノ粒子の粒子径と個数分布を得る．

この方法の特徴は，

・初めに粒子径（正確な値はわからないが）で分別してしまうため，カウンティング法，アンサンブル法とも信頼性の高い計測が可能となる．
・材料を代表する評価値を比較的簡便に得ることができる．
・計測工数の多いカウンティング法を用いずとも材料製造時の品質管理に用いることができる

であり，ものづくり現場での有用性が高いことから，できるだけ速やかに国際標準とすることが期待されている．

JWG 2において代表的なフラクショネーション法の一つである流動場分離法（FFF）によるナノ材料分析に関する国際規格ISO/TS　21362：2018が審議され，2018年5月7日現在，発行に向け最終作業が行われている．

一方，単独のナノ粒子計測法に関しても，高精度でかつ同等性の高い計測評価の実現に向けて国際標準化が進められている．

JWG 2ではさらに，ナノ粒子径およびその分布評価を透過電子顕微鏡（TEM）で行う場合の標準化，および走査電子顕微鏡（SEM）で行う場合の標準化が進められている．TEMは凝集体における一次粒子径を最も確実に計測できる方法として，その標準化は重要性が高く，慎重に作業が進められている．2011年JWG 2内のスタディーグループとして活動が開始され，これまでにVAMAS（新材料および標準に関するベルサイユプロジェクト）の枠組みを利用するなどして，カーボンブラック，SiO_2，チタニア，Au ロッドに関する国際的な比較試験を行っており，観察試料の調整法まで含めた詳細な規格案が作成されつつある．SEM は一般に TEM に比べて装置も，計測コストも安価であることから，簡便なスクリーニング法としての利用も含めてその標準化を望む声が高い．SEM では観察試料作成時に特に凝集を抑制する必要があり，有機物で表面を修飾した基板を用いて，ナノ粒子を試料表面に分散吸着させる方法なども含めて標準化作業が進められている．

前述のとおり，JWG 2 以外でもナノ粒子の粒子径およびその分布評価に向けた国際標準化作業は行われており，ISO/TC 24/SC 4 は最もアクティブな技術部会の一つである．ISO/TC 24/SC 4 では環境粒子など気中に含まれるナノ粒子の粒子径とその分布を精度よく評価する方法として DMA の規格 ISO 15900：2009 が制定されており，現在は，粒子径と個数濃度の計測精度の向上に向けた改定作業が進められている．また最近では，気中に含まれるナノ粒子の個数濃度計測に用いられる凝縮粒子計数器（CPC）に関する規格（ISO 27891：2015）が制定され，さらに，ナノ粒子の粒子径計測に用いられる小角 X 線散乱法（SAXS）に関する規格（ISO 17867：2015）や粒子追跡法（PTA：particle tracking analysis）に関する規格（ISO 19430：2016）の制定と，動的光散乱法に関する規格の改定（ISO 22412：2017）が行われた．加えてこの技術部会では，粒子径とその分布の計測において重要な要素技術である粒子の液中分散に関し，ガイドライン（ISO/TR 13097：2013）や規格の策定に向けた取り組みが進められている．

さらに ISO/TC 256 では遠心沈降法（CLS：centrifugal liquid sedimentation）を用いた，ナノ $CaCO_3$ など顔料の粒子径およびその分布評価法の標準化に向けて活発な議論が続けられている．現行 ISO PWI 20427 において，SiO_2，$CaCO_3$，カーボンブラック，チタニアを用いたラウンドロビン試験が完了し，結果に基づいたドラフトの整理実施後，2019 年夏に NWIP 投票[†]が実施される予定である．本規格は遠心沈降原理に基づく分析法としてディスク遠心沈降・キュベット遠心沈降に加え，遠心流動場分離も適用される規格となり，顔

---

† NWIP：新業務項目提案．

‡ PWI（予備業務項目）過程．

料に即した分散方法も記載することが確定していることから，PWI 過程‡において共同でラウンドロビン試験を運営したドイツと日本の共同提案として，今後 IS 策定を実施していくことが合意されている．

本書では，ナノ粒子の最も重要な特性ある粒子径とその分布計測に関して紹介してきた．ナノ粒子はその大きさ，材質，形状などにより反応性や安定性が大きく異なる．

ナノ材料の適正管理にはナノ粒子が有する物理‒化学特性の定量的かつ再現性の高い評価方法を確立する必要がある．これらナノ粒子の物理‒化学特性はそれぞれが相関しており，その重要性に優劣をつけるのは困難であるが，粒子径はナノ粒子の物理‒化学特性を決定する指導的パラメータの一つであるといえよう．これまで紹介してきた技術を基に，定量的かつ再現性の高い粒子径およびその分布評価方法が早晩確立され，ナノ材料の安全かつ効率的な産業利用が実現されることを願って本書のまとめとしたい．

参考文献

1）JISC（日本工業標準調査会）
http://www.jisc.go.jp/jis-act/index.html

2）W. Rybczynski: *One Good turn: A Natural History of the Screwdriver and the Screw*, Scribner, New York（2001）

3）Hench L. L.: *An Introduction to bioceramics*, L. L. Hench, J. Wilson（eds.）, 319, World Scientific（1993）

4）OECD: http://www.oecd.org/chemicalsafety/nanosafety/overview-testing-programme-manufactured-nanomaterials.htm

5）http://www.tanida.org.tw/nanomark_e.php?mn=certified-e&nm=markProduct_e

6）JRC Reference report: *Requirements on measurements for the implementation of the European Commission definition of the term 'nanomaterial'*（2012）

索　引

【さ】

【た】

【な】

【は】

[著者紹介]

一村　信吾（いちむら　しんご）　Chapter 1（1.1～1.3 節），7（7.1～7.3 節）
1980年　大阪大学大学院工学研究科応用物理学専攻博士課程満退
現　在　早稲田大学　研究戦略センター　教授，工学博士
専　門　表面分析・表面制御，ナノテクノロジー

飯島　善時（いいじま　よしとき）　Chapter 1（1.4,1.5 節）
1995年　山梨大学大学院工学研究科物質工学専攻博士後期課程修了
現　在　東京農工大学　学術研究支援総合センター　コーディネート・マネージャー，博士（工学），技術経営修士（専門職）
専　門　表面分析，電子分光法

山口　哲司（やまぐち　てつじ）　Chapter 2
2008年　広島大学大学院工学研究科博士後期課程修了
現　在　株式会社堀場製作所　開発本部　第 2 製品開発センター　科学・半導体開発部　マネジャー，博士（工学）
専　門　動的光散乱法によるナノ粒子径計測

叶井　正樹（かない　まさき）　Chapter 3
2005年　早稲田大学大学院理工学研究科ナノ理工学専攻博士後期課程修了
現　在　株式会社島津製作所　基盤技術研究所　バイオインダストリーユニット長，奈良先端科学技術大学院大学物質創成領域客員教授，博士（工学）
専　門　マイクロ流体デバイス，MEMS

白川部　喜春（しらかわべ　よしはる）　Chapter 4
1986年　芝浦工業大学工業化学学科（物理化学）修了
現　在　株式会社日立ハイテクノロジーズ　科学・医用システム事業統括本部　事業戦略本部　科学システム事業戦略部　部長付（表面分析事業），学士（工学）
専　門　MEMS，走査プローブ顕微鏡，表面分析，放射線計測

伊藤　和輝（いとう　かずき）　Chapter 5
1998 年　総合研究大学院大学数物科学研究科放射光科学専攻博士後期課程修了
現　在　株式会社リガク　X 線機器事業部戦略ビジネスユニット　粉末・薄膜解析小角グループマネージャー，博士（工学）
専　門　X 線計測学，小角散乱

藤本　俊幸（ふじもと　としゆき）　Chapter 6,7（7.4 節），Point 欄
1993年　北海道大学大学院理学研究科博士後期課程修了
現　在　産業技術総合研究所計量標準総合センター研究戦略部長，博士（理学）
専　門　ナノ計測，薄膜計測，表面分析

分析化学実技シリーズ
応用分析編 8
ナノ粒子計測

Experts Series for Analytical Chemistry
Instrumentation Analysis : Vol.8
Measurement of Nanoparticles

2018 年 11 月 30 日 初版 1 刷発行

検印廃止
NDC 571.2
ISBN 978-4-320-04456-2

編 集 （公社）日本分析化学会 ©2018

発行者 南條光章

発行所 **共立出版株式会社**
〒112-0006
東京都文京区小日向 4-6-19
電話 03-3947-2511（代表）
振替口座 00110-2-57035
URL www.kyoritsu-pub.co.jp

印 刷
製 本 藤原印刷

一般社団法人
自然科学書協会
会員

Printed in Japan